會展
場館管理——含中國展館介紹

傅婕芳、鄭建瑜 編著

Event Venue
Management

崧燁文化

目錄

第五章 會展場館市場營銷

第六章 會展場館服務管理

第七章 會展場館規劃建設管理

第十章 會展場館風險管理

第十一章 會展場館的競爭和合作

前言

　　會展有經濟發展和社會進步的「助推器」之稱。隨著中國經濟的快速發展，對外開放的擴大和申奧、申博成功，會展業以年平均 20% 的增幅迅猛發展，並開始逐步走向國際化、專業化、規模化和品牌化。據有關方面預測，中國上海對於吸引旅遊者，特別是參加各種國際會議、展覽、獎勵旅遊和各類節事活動的客人具有極大的潛力，將成為 21 世紀亞太地區的重要會展中心。會展經濟已成為上海經濟的新亮點。與會展業高速發展所不相適應的是高素質專業會展人才奇缺，專業會展人才已成為制約會展業進一步發展的「瓶頸」，已成為上海經濟和社會發展的緊缺人才之一。

　　本書結構從會展場館的經營與管理出發，涉及會展場館管理的基礎知識、場館經營管理理論與方法、組織管理、設施設備管理與工程管理、市場營銷、服務管理、規劃建設管理、人力資源管理、品牌管理、風險管理、場館的競爭和合作、中國國內國外場館發展等內容。本書透過大量蒐集中外資料、市場調研、專家訪談等手段，對中外會展場館的前沿問題和重點內容進行了探討，是一部理論與實踐緊密聯繫的會展場館管理專業培訓教材。體現以下四大特色：

　　第一，對會展場館經營與管理所依據的主要理論進行系統的論述，我們的初衷是讓讀者對會展場館經營與管理的全過程有一個全面的瞭解，結合案例解析，能將所學到的理論知識運用於實際操作過程中。第二，按照「基礎知識點—理論分析—案例實踐」這樣一個思路來安排內容，其主要目的是讓讀者深入淺出地掌握知識體系。第三，本書的重點章節是組織管理、設施設備管理與工程管理、市場營銷、服務管理、品牌管理、風險管理。第四，本書作為中國國內第一本會展場館職業培訓教程，對培養大批有用的會展場館經營與管理的專業人才有重要作用，也可以作為會展企業經營管理的一個藍本，指導企業營運管理。

　　本書共十二章，其中，第二章、第四章、第五章、第六章、第七章、第八章、第九章由鄭建瑜編寫，第一章、第三章、第十章、第十一章、第十二章由傅婕芳編寫。

　　本書既可以作為會展場館經營管理人員的培訓教材，也可以作為會展、旅遊等專業院校和培訓機構的參考用書。

　　由於時間倉促和編者水平有限，本書疏漏之處懇請批評指正。

編者

第一章 會展場館基礎知識

▎第一節 會展場館的定義、屬性和作用

一、會展場館的定義

　　會展場館作為會展經濟發展的載體,被譽為會展經濟發展的火車頭。一般會展場館指舉辦會議、展覽會等的場所。它是為各種類型的商品展示、行業活動、會議交流、資訊發布、經濟貿易等集中舉辦各種活動的場所。會展場館是一種建築產品,同一般工業產品相比,其顯著特點是體型龐大。會展場館一般場地規模都很大,擁有的設備設施的種類繁多,投資額巨大,需要建設維護的費用也很高。

　　作為一個會展場館,應該具備以下條件:

　　1. 它是一個建築物或者由多個建築物組成的接待設施。

　　2. 它必須能夠提供會議或展覽設施,也能夠提供其他相關的設施。

　　3. 它的服務對象是公眾,因此,服務對象既包括外來的參觀者、參加者,也包括當地的社會公眾。

　　4. 它是商業性質的,所以使用者要支付一定的費用。

　　隨著社會的進步和發展,場館的設施和功能日趨多樣、豐富。現代會展場館是由展覽館、會議室、停車場、餐廳、休息場所以及通訊、娛樂、新聞、商務、住宿、其他臨時辦公場所等服務設施組成,以滿足顧客多種需求的商業性的綜合建築設施。

二、會展場館的屬性

　　(一)會展場館是一個經營性企業

　　會展場館和其他各類企業一樣,是利用多種生產要素,比如土地、資金、設備、勞動力等,在創造利潤的同時承擔風險,運用現代化的科學技術和先

進的管理手段進行生產、經營、銷售等活動，以取得良好的經濟效益、社會效益和環境效益的經濟組織。

會展場館擁有經營管理的自主權，能夠對本場館各種資源，人力資源、物力資源、資訊資源、資金資源等行使支配和使用權，運用先進的技術和管理手段，透過科學的決策開展經營活動，取得良好的經濟效益、社會效益和環境效益。

會展場館的經濟效益就是場館以市場的觀念進行會展場館的經營運作和管理規劃，有效地控制會展場館的運作成本，拓寬會展場館的經營渠道，追求更高的經濟利益。

會展場館的社會效益就是在獲取經濟利益的同時，還要體現一定的服務社會的職能。除了為會議和展覽提供場地外，還要考慮到社會對場館的需求，對非商業的活動的大力支持，提高社會知名度，塑造健康的公眾形象等。

會展場館的環境效益就是在規劃和發展過程中重視環境效益，能作為一種美的建築與環境融為一體，對當地的環境保護作出貢獻。

（二）提供綜合性的服務

會展場館是一個以提供服務為主的綜合性服務企業。會展場館從本質上講，生產和銷售的只是一個產品——服務。服務，是指以各種勞務形式為他人提供某種效用的活動。會展場館服務是以提供會議和展出服務的方式向觀眾提供交流、參觀、欣賞、娛樂、購物、交易和休息等勞務服務的綜合性服務。會展場館服務是提高會展場館的經濟效益、社會效益和環境效益的重要措施。

三、會展場館的作用

（一）能夠大力推進會展產業的發展

會展場館所處的區域產業基礎、市場規模等因素能推動當地會展產業的發展，但一個先進適用的展館條件無疑更是舉辦展覽的硬體基礎。會展場館經營的準確定位是推進會展業發展必不可少的前提。

如大連星海會展中心的建成投入使用,帶來了大連會展業的「一鳴驚人」;深圳會展也曾因「深圳國際展覽中心」的建成而客商雲集,但是後來因展覽面積過小,致使「國際家具展」等品牌展覽離開深圳異地舉辦;自1999年以來,隨著高交會展覽館的建成和高交會的成功舉辦,再次給深圳會展業帶來了發展的契機,並逐步形成了又一個發展高峰期。

（二）能夠積極培育城市的展覽品牌

會展場館不僅僅是為會議和展覽提供場地和相關服務,其經營策略還關係到城市展覽品牌的培育。按照國際慣例,展館存在著六個月內不承接相同題材展覽的行業慣例。接哪些展不接哪些展,對展覽品牌的成長甚至生存至關重要。如德國的漢諾威、慕尼黑、杜塞道夫在上海投資建設展館和辦展,不僅加劇了上海展覽場地方面的競爭,而且在一定意義上影響了上海整個城市會展業的發展方向。

（三）能夠提高會展業的市場化程度

會展場館的市場化運作有助於會展業的市場化經營。會展業市場化經營的主體主要包括展覽公司、展臺搭建公司、展品運輸公司、酒店、餐飲、禮儀服務公司等。如果會展場館採用壟斷性經營及提供壟斷性展覽服務,那麼行業內的展覽公司、裝修公司、運輸公司等經營主體就無法獲得公平競爭的市場環境及發展空間。

（四）能夠適度調控會展業的市場運作

透過會展場館經營,能夠給需要予以扶持培育的展覽品牌以發展的空間,能夠在一定程度上對會展市場的健康發展造成宏觀調控作用。

（五）能夠大力培養會展業人才

作為會展市場主體之一的會展場館,需要大量高素質的專業人才,以保證會展場館管理、展覽服務專業化工作的圓滿完成。如香港會展中心有正式員工817人,大部分是從世界各地招聘和自己培養的高素質專業化人才。因此,會展場館的經營和運作,可以為城市會展行業吸引大批高素質、高水平的專業人才並培養大量本土的專業化人才。

（六）能夠強化城市的服務職能

會展業具有極大的產業帶動效應，除直接產生經濟效益外，還對社會和經濟發展有著巨大的影響和催化作用。會展業作為一個城市服務業的重要組成部分，對強化城市的服務職能有積極的推動作用，其中，會展場館的帶動作用不能低估。強化和提高會展場館的服務水平、服務質量，可以推動會展業的發展，同時，可以對完善城市服務功能造成積極的作用。

第二節 中國會展場館的發展進程

一、1980 年代——中國會展場館建設的起步期

（一）中國國內第一個規範的現代化會展場館

1978 年以來，中國經濟有了長足的發展，商貿活動日益活躍，急需建設一批為商貿活動服務的會展場館。

1985 年 11 月，北京為舉辦亞太地區國際貿易博覽會規劃建設了中國國際展覽中心（以下簡稱北京國展），這是中國為舉辦國際性貿易博覽會而興建的大型會展中心。該中心規劃總占地面積 15 公頃，1985 年 6 月完成一期工程；1989 年建成綜合樓；1991 年中央主館投入使用。目前總建築面積達 17.62 萬平方公尺，其中展覽面積 7 萬平方公尺，室外展場 7000 平方公尺，停車場 1 萬多平方公尺，海關監管倉庫 7000 平方公尺。北京國展在設計上參考了國外的先進經驗，相比以往的展覽館，其建築結構不僅更加合理，更能符合國際展覽標準，配套設備也更加精良，並增設了會議中心，能夠滿足國際展會「展中有會，會中帶展」的要求。自 1985 年成立以來，北京中國國際展覽中心已舉辦國際展會約 350 個，這些展會大多數在中國國內外有較大影響，包括國際知名的汽車展、化工展、電信展、電腦展等。

北京中國國際展覽中心是北京 1980 年代十大建築之一，它在設計上強調「適用、經濟、美觀」的原則，是傳統與現代建築理念有機結合的產物。它無論在展覽規模、展覽設施、建築設計上都已具備現代會展建築的特徵，代表了中國會展建築的全新形象，同時也為中國國內會展建築的建設作出了

可貴的探索。但由於當時經驗較少，在規劃設計上也留下一些缺憾。如在確定選址方案時缺少長遠考慮。北京城市在 1980 年代後迅速擴張，北京國展目前位置已是城市的中心繁華區，交通流量極大，周邊道路容量嚴重不足，且規劃時預留的發展用地經多年變遷早已易做他用，使得交通問題成為國展當前面臨的最嚴峻問題。每當大型展會舉辦時，周邊道路嚴重擁堵，甚至會影響到整個北三環地區的交通，因而不得不實行交通管制。當時的展廳形式和規模都留下歷史的痕跡，單個展廳規模較小，空間容量不足，同時配套設施陳舊，已不適應現代展會的需求。因此北京國展集團已籌劃 2006 年之前在順義天竺空港開發區新建一座高標準的會展中心。

（二）地方會展建築的啟動與發展

1980 年代以來，各地都逐漸認識到會展業對繁榮地方經濟，促進貿易發展的重要作用，於是紛紛開始興建會展場館。隨著城市的發展，一些會展建築充分利用城市本身固有的高密度、高效率的優勢，向綜合化發展，集中多種使用功能，不同功能之間相互補充，提高各部分的使用效率，提升城市區域活力。各地開始出現各種不同類型的會展建築，同時開始引入外來設計力量，給會展建築注入了新鮮活力，中國國內會展建築設計開始與國際接軌。

北京中國國際貿易中心（以後簡稱北京國貿）於 1985 年 9 月動工，1990 年竣工，是一大型綜合性商貿會展綜合體，包括辦公、居住、酒店、會議、展示、購物、娛樂等多項功能。占地面積 12 公頃，總建築面積 43 萬平方公尺，總投資 4.5 億美元；其中展覽大廳 1 萬平方公尺，由 3 個展廳及序廳組成，內設 2 個小型會議室。建築構圖主次分明，將簡單的幾何形體稍加變化，在嚴謹中求變化，色彩凝重，體現出現代建築的莊重氣氛。

天津國際展覽中心（以後簡稱天津國展）於 1986 年建成，這是一座包括展覽、辦公大樓、酒店和公寓的綜合性建築。總建築面積 26460 平方公尺，其中展覽面積約 8000 平方公尺。由高 29.7 公尺的服務大樓和高 18.9 公尺的展廳組成，服務樓 2～8 層為標準客房層，首層為中西餐廳、健身、康樂設施及商務中心。展廳共 2 層，每層淨高 6.5 公尺，分為 6 個 22.8 公尺 ×22.8 公尺的無柱大空間。展覽中心外形以弧形玻璃幕牆、斜玻璃天窗、圓筒形電

梯為特徵。大樓中部 6 層高的門洞和左右兩翼，分別隱喻中國傳統建築的「門」和「闕」。平面採用對稱布局，序列空間的安排體現了傳統建築中「門堂」的形制及群體組合的層次感。

北京國貿和天津國展都是由海外建築師設計的，它們給中國的建築師帶來了一些新的思路和經驗，是中國會展建築開始與世界開放接軌的標誌。

同一時期建成的還有廣州科技貿易交流中心、深圳國際展覽中心、廣西桂林國際貿易展覽中心、福建工業展覽大廈等。為帶動地方經濟發展，在內陸一些發展較慢的地區也建設了一些會展場館，如內蒙古展覽館和寧夏展覽館。

（三）起步期的會展場館發展小結

1980 ～ 90 年代，中國國內新建的會展場館約相當於目前會展場館總數的 20%，中國的會展建築建設開始起步。這一時期是中國會展建築的自我探索時期，展覽模式已向正規的商貿會展發展。由於經濟上的局限，會展業與會展建築都沒有與國際接軌；國外建築師開始進入中國市場，引入一些先進的設計觀念和方法、技術優勢及豐富的設計經驗等。但由於對國際化的會展運作不瞭解，會展建築普遍規模較小，服務設施缺乏，設備較為簡陋。同時對會展建築的前期策劃、城市規劃選址方面認識不足，缺乏系統的交通組織規劃。

二、1990 年代──中國會展場館建築的成長期

（一）重點會展城市的場館建設及擴充

1990 年至今為中國國內會展建築的建設高峰期。據調研資料統計，中國截至 2003 年 2 月已建成會展場館 132 座，總展覽面積約 230 萬平方公尺。目前有 5 座會展場館正在建設中，還有 4 座大型場館正在籌備之中，預計在 2006 年之前，會展場館展覽總面積將增加 100 餘萬平方公尺，會議面積增加 10 萬～ 20 萬平方公尺。自 1978 年以來 20 年，中國會展業以年均近 20% 的速度遞增。據不完全統計，近 10 年來，中國透過會展實現外貿出口成交額達 50 多億美元，貿易額達 120 多億元人民幣。1999 年會展業的直接收入

近 40 億元,相關收入則是直接收入的 5 ～ 10 倍。這種直接經濟效益所產生的巨大吸引力,使得會展經濟在中國迅速發展起來,各地紛紛建設會展場館。中國會展建築發展概況如表 1-1 所示。

表 1-1 中國會展建築發展概況

建設年代	1980年之前	1980~1900年	1990~2002年	截至2006年	合計
會展場館數量	15	25	92	9	141
場館數量所占比例	10.6%	17.7%	65.3%	6.4%	100%
會展場館總量	15	40	132	141	141
展覽面積(萬平方公尺)	34.9	26.0	160.7	107.5	329.1
展覽面積所占比例	10.6%	7.9%	48.8%	32.7%	100%
總展覽面積(萬平方公尺)	34.9	60.9	226.1	329.1	329.1

中國國內會展活動最發達的城市以北京、上海、廣州為首,2000 年中國舉辦各類展會共計 1500 餘個,這 3 個城市就占了 50% 左右。這 3 個城市早就建設有會展場館,在 1990 年代後又開始新一輪的建設和擴充。

北京國展在 1991 年建成主館——1 號館,總建築面積 52541 平方公尺,地上 5 層,局部地下 1 層,總投資約 7000 萬元人民幣。1～4 層每層 2 個展廳,共 8 個展廳,每個展廳面積近 4000 平方公尺,總展覽面積為 30483 平方公尺。採用矩形平面,框架結構,柱網 9 公尺 ×9 公尺。5 層設辦公管理用房,地下為設備機房。

1992 年建成的上海虹橋國際展覽中心位於虹橋開發區,占地 1.25 公頃,總建築面積 1.82 萬平方公尺。展廳共兩層,總展覽面積 1.2 萬平方公尺;平面呈矩形,採用鋼筋混凝土框架結構。

(二)經濟活躍城市的會展場館建設

1990 年代前期,一些城市由於特殊的地理位置,經濟貿易活動日趨活躍,包括邊貿活動及一些地區性商貿活動等。如 1992 年創辦的烏魯木齊對外經濟貿易洽談會(簡稱「烏洽會」)、1993 年創辦的昆明出口商品交易會

（簡稱「昆交會」）、哈爾濱經濟貿易洽談會（簡稱「哈洽會」）和廈門舉辦的中國投資貿易洽談會等。另外如江蘇、大連等地區，經濟發展速度較快，也產生了對會展設施的需求。這些城市為了經貿活動的需要，開始建設自己的會展場館。

南京在 1990 年建成江蘇展覽館，建築面積 2.5 萬平方公尺，地上 3 層展廳，展覽面積 1.8 萬平方公尺。其設計仍停留在中國會展建築剛剛起步時的水平，模式陳舊，現大部分展廳已改為常年家具展銷和辦公之用。

1996 年建成的大連星海會展中心位於星海灣商務中心區北端，是集展覽、會議為一體的大型綜合性會展建築。其會展中心的建設與運營有效地帶動了該地區的整體發展，星海灣一帶由荒涼的廢棄地成為大連市的繁華商務區。

從 1990 年代中後期至今，更多的經濟活躍城市加入到建設會展中心的熱潮中來，其中展覽規模 5 萬～10 萬平方公尺的大型會展建築有福州國際會展中心（1998 年）、成都國際會展中心、瀋陽國際會展中心（2001 年）、武漢國際會展中心（2001 年）、寧波國際會展中心（2002 年）、厚街廣東現代國際會展中心（2002 年）、湖南國際會展中心（2003 年）。展覽規模 1 萬～5 萬平方公尺的中型會展建築有南京國際展覽中心、深圳高交會展覽中心（1999 年）、廈門國際會展中心（1999 年）、青島國際會展中心（2000 年）、溫州國際會展中心（2002 年）、長沙現代農業博覽會展中心（2002 年）等 30 餘個。

2002 年建成的寧波國際會展中心是寧波市政府投資建設的大型現代化會展場館，它地處寧波市 6 個區的中央位置，交通十分便利。一期工程占地面積 37.7 公頃，總建築面積 8.26 萬平方公尺，總投資 7 億元。它集展覽、會議、商貿洽談、餐飲、倉儲等功能為一體，是一座大型智慧化現代會展中心。共設 6 個單層展廳，其中主展廳高 35.8 公尺，其餘展廳高 21.3 公尺，空間寬敞，設施完備。主入口前面設有 12.3 萬平方公尺的大型廣場，環境優美舒適。

值得注意的是，還有更多的城市正在籌劃建設自己的會展中心，已有會展中心的城市則在計劃著更新與擴建。一些經濟發達的中小城市也將會展業

列為未來的發展方向。在不久的將來會展建築將和城市廣場、圖書館、博物館、音樂廳、體育館等設施一同成為城市基礎公共設施的組成部分。

（三）超大型會展建築的建設

在 2000 年以前，中國僅有廣交會展館的展覽面積超過 10 萬平方公尺，隨著會展熱的升溫，會展設施的建設在中國國內全面開花，也開始籌劃建設新的超大型會展建築。

1990 年代後期至今，中國建設了一大批高標準、現代化的會展建築，很多直接由國外建築師設計，吸取了很多國外的先進經驗。由國外建築師或事務所設計的代表作有：上海新博覽中心（美國 Murphy Jahn 事務所）、廣州新國際會展中心（日本佐藤綜合計劃）、深圳、南寧正在建設中的會展中心（德國 GMP 事務所）、山東青島國際會展中心（英國 Terry Farrell 事務所）、廈門國際會展中心（加拿大 B ＋ H 事務所）、安徽國際會展中心（法國某公司）。中國國內設計院也更多吸取了國外的先進經驗，在設計上趨於成熟。

（四）小結

自 1990 年代以來，中國會展業努力與國際接軌，吸取國外的先進經驗，同時也興建了一批有較高水平的會展建築。一些直接由國外有經驗的建築師或事務所設計，並參考國外的經典模式，這同時促使中國國內的設計者從空間布局、交通組織、室內空間、設施配合等方面進行多方位、多層次的探索。國外展覽公司開始進入中國市場，對中國會展的管理運作水平也有很大的帶動作用。

中國國內會展業的發展主要集中在京滬穗等中心城市。在這幾個城市的帶動下，近五年間全中國建成展覽規模上萬平方公尺的展館 30 餘個，會展經濟成為國民經濟的新亮點。但總的來說，中國的會展業尚處於起步階段，與國際高水平的會展城市相比，在場館的建設和組織管理上尚有很大的差距，也與中國在國際上日益重要的政治、經濟地位不相符。在 1998 年國際會議數量的排名中，中國僅列第 34 位。拿會展場館數量最多的上海來說，2000

年之前儘管先後興建了國際展覽中心、世貿商城、農展中心、光大會展中心等多個展館，但全市的展覽面積仍不足 10 萬平方公尺，難以滿足更大規模和更高水準的國際大型展覽，2001 年建成的新博覽中心一期工程彌補了這一不足。相信在未來的一段時間內，中國國內會展建築的興建熱潮仍將持續升溫。

▌第三節 會展場館的類型

一、按照會展場館的主要用途劃分

（一）博物館

博物館是指對有關歷史、自然、文化、藝術、科學、技術的實物、資料、標本等進行收集、保管、研究，並陳列其中一部分供人們參觀、學習的專用建築。比如杭州除了有西湖等旅遊名勝以外，還有位於龍井的中國茶葉博物館、與同仁堂齊名的胡慶餘堂中藥博物館、展示絲綢發展史的中國絲綢博物館、南宋官窯博物館等。

（二）展覽館

展覽館有兩種含義，一種是指展覽專用建築物；還有一種是指從事展覽館業務的、具有法人資格的事業或企業單位。

（三）美術館

美術館是指以陳列展出美術工藝品為主，主要收集有關工藝、美術藏品，進行版面陳列和工藝美術陳列的建築物，有的也設立美術創作室。比如 2002年 3 月 27 日，「朱屺瞻藝術展」在杭州西湖美術館開幕。

（四）紀念館

紀念館是為紀念具有歷史意義的事跡或人物而建造的建築物。如江西省吉安縣文天祥紀念館興建於 1984 年，1992 年對外開放，1996 年被命名為「全國中小學愛國教育基地」。這座建築面積 2200 平方公尺，具有民族建築風格的紀念館，是京九線上的一處重要旅遊景點。

（五）陳列館

陳列館是指一般為單純的陳列展出，或設於建築的一角，或成為獨立的建築，其中多陳列實物以供人們參觀學習。如陸仰非誕辰 95 週年畫展暨《陸仰非紀念文集》於 2003 年 3 月 31 日在常熟博物館陸仰非藝術陳列室舉行。

（六）會議中心

會議中心主要是為各種會議活動提供專門場地、設施設備和服務的場所。它一般以承辦接待國際、國內會議及展覽等其他大型活動為主要經營項目。一般來說，會議中心具有最新的視聽和通訊技術裝備，能夠提供專業的會議視聽服務，還配套提供餐飲、商務、資訊諮詢、票務、旅遊等服務以及視聽、辦公等設施設備的出租服務。會議中心的場地和設施與公共裝置、綠化、步行道、停車場等構成一個有機的整體。在會議中心的室內，溫度、濕度、採光、音響以及室外的交通等均應符合以人為本的需要。

（七）展覽中心

展覽中心是指有固定場館來展示陳列和舉辦一些定期、不定期的臨時性展覽會、博覽會的場所。其基本內容是：主辦者為了一定的目的，提出一定的主題，按照主題要求選擇相應的展品，在展廳裡或其他場所，運用恰當的藝術手法，在一定的材料和設備上展示出來，以進行宣傳、教育或交流、交易。它既有認識、教育、審美、娛樂等作用，又有傳遞資訊、溝通產銷、指導消費、促進生產等多方面功能。如上海中蘇友好大廈（今上海展覽中心），1954 年 5 月開工，1955 年 3 月竣工。該工程由中央大廳、工業館、東西兩翼的文化、農業館及電影院 5 個項目組成，建築面積 5.8 萬平方公尺。大廳頂部鎦金塔標高 110.4 公尺。

（八）體育場

體育場是指為開展群體性體育活動而設置的體育活動教學、訓練和競賽的公共體育場所。有單項的，也有綜合性的，體育場設有專職或兼職的技術指導和管理人員，負責日常工作。

（九）體育館

體育館是室內體育運動場所的統稱。大規模的體育館包括籃球、排球、乒乓球、羽毛球等的比賽館和練習館。

（十）文化廣場

文化廣場是指面積廣闊的文化場地和場所。

（十一）文化館

文化館是國家設立在縣（自治縣）、旗（自治旗）、市轄區的文化事業機構，隸屬於當地政府，是開展社會主義宣傳教育、組織輔導群眾藝術（娛樂）等活動的綜合性文化部門和活動場所。文化館的展覽用房占總使用面積的 10%，由展室、展廊等展覽空間及儲藏間組成。

（十二）城市規劃展示館

城市規劃展示館是供人們進行傳授、學習或增進知識等活動的公共建築。它要求幽靜的環境、必要的設備、適宜的空間和充足的光線等。如上海城市規劃展示館，建築面積 2 萬平方公尺，主體結構高 43 公尺，地上 5 層、地下 2 層。

（十三）劇院

劇院指用於戲劇或其他表演藝術的演出場所。

（十四）劇場

劇場是供演出戲劇、歌劇、曲藝等用的場所。

二、按照會展場館規模大小劃分

按照規模可以分為大型會展場館、中型會展場館、小型會展場館和臨時會展場館。

大型會展場館是指會展場館規模龐大，一般舉辦大型的國際性會議和綜合性的展覽活動。如廣州國際會展中心、上海國際展覽中心等。

　　中型會展場館是指會展場館規模比較大，一般舉辦區域性的國際會議、大中型的行業會議和行業性的展覽活動。如西安國際會展中心、昆明國際會展中心等。

　　小型會展場館是指會展場館規模較小，一般舉辦地區性的會議和地區性、專業性的貿易展覽活動。如廣州錦漢展覽中心、廣州百越展覽中心等。

　　臨時會展場館是指不是專門用於會展的臨時性會展場所，一般不會經常性舉辦會展活動，如廣東國際大酒店等各種大型建築物的展覽館。

三、按照會展內容不同劃分

　　按照會展內容可分為綜合型、展覽型、博覽型、會議型會展場館。

　　綜合型會展場館是指可同時和分別舉辦會議和展覽活動的場所。如上海國際會展中心、大連星海會展中心等。

　　展覽型會展場館一般只舉辦各類產品和資訊的展覽活動，一般不舉辦交流會議。如廣東現代國際展覽中心（東莞）、上海國際展覽中心等。

　　博覽型會展場館是指舉辦各種畫展、花卉展、藝術品展、文物展等博覽性活動的場所。如上海新國際博覽中心、廣州花卉博覽園等。

　　會議型會展場館是指主要舉辦國際會議、行業會議等大型會議的場所。如北京國際會議中心、博鰲亞洲論壇會議中心等。

四、按照會展場館性質不同劃分

　　按照會展場館性質可分為項目型、單純型和綜合型會展場館。

　　項目型會展場館是指不是專門用於會展，只是偶爾舉辦會展的場所。如白天鵝賓館展示廳、廣東國際大酒店展覽館等。

　　單純型會展場館是指專門用於某種產品展覽、某個行業展示或某種會議舉行的活動場所。如廣州花卉博覽園、中國農業展覽館等。

綜合型會展場館是指可以舉辦各種商貿展覽和交流會議的活動場所。如上海光大會展中心、武漢國際會展中心等。

五、按照會展場館功能劃分

近代會展場館大致可以分為三種類型：大型展覽中心、大型會議中心和會展中心。

大型展覽中心和大型會議中心的功能較為單一，主要是各類的展覽和會議。如上海新國際展覽中心、香港會議中心等。

會展中心又可分為會展建築綜合體和會展城。大型會展建築綜合體是當今較為流行的一種會展場館類型，包含了展覽、會議、辦公、餐飲、休憩等多功能。如加拿大大廈、墨爾本國際會展中心、上海世貿商城、大連星海會展中心等。會展城指超大規模的會展中心。如英國國家展覽中心、德國漢諾威會展中心等。中國尚未具備建設此種規模會展場館的條件。

雖然會展場館的類型多樣，各自的功能與特點都不相同，但本書著重講述的是展覽場館與會議展館這兩種具有代表性的會展場館的經營與管理。

▌第四節 會展場館的特點

一、現代會展場館的顯著特點

（一）規模大

規模宏大是現代化會展場館的重要標誌。現在國外新建的會展場館占地面積一般都超過 100 萬平方公尺。比如，巴黎北會展場館的占地面積高達 115 萬平方公尺。會展場館的建築呈現越來越大的趨勢，一些會展場館的展館面積達 20 萬平方公尺，並且出於前瞻性的考慮，國外新的會展場館均有一定比例的預留地，以便將來增建場館。

（二）設施全

現代化會展場館不僅有展館，還有會議中心、餐飲服務等設施。會展場館既可以展覽、開會，又可以進行文藝表演、體育比賽等活動，因此，是完整意義上的會展場館。會展場館的建設必須考慮到停車困難的問題，所以多建有大面積的停車場。比如德國慕尼黑會展中心就建有可容納一萬輛車的停車場。

（三）智慧化水平高

高科技在現代化會展場館得到充分的利用。國際上發達國家的會展場館基本上都配備了智慧化程度很高的網路系統。比如觀眾、參展商電子登錄系統、電腦查詢系統等。此外，多媒體、手機簡訊等多種通訊手段也在場館內得到了應用。

（四）規劃設計「以人為本」

會展場館是為參展商和觀眾提供服務的場所。因此在會展場館的規劃和建造中，如何滿足他們的各種需求，是建設規劃之初就必須加以認真研究的問題。現代化會展場館需要突出「以人為本」的建設理念，具體就應該體現在如下幾個方面。

1. 場址選擇「以人為本」

現代化會展場館的選址一般都選在城鄉結合部，並將交通、環境和地形等條件作為選址的三大要素進行論證，同時場址選定後，仍要與市政規劃相吻合。

2. 內部布局「以人為本」

會展場館內部布局合理，可以使會展場館內部管理有序，方便參展商和觀眾，提高工作效率。

3. 展館設計「以人為本」

現代化的會展場館基本上都是單層、單體，面積約 1 萬平方公尺，高度為 13～16 公尺。這一設計具有科學的依據。單層單體 1 萬平方公尺的場館，正好是長 140 公尺，寬 70 公尺。處於人眼的正常視覺範圍內，觀眾不容易

迷失方向；而高度 13～16 公尺是基於展臺特殊裝修設計的要求，它更加適合於布展作業。

（五）經濟實用

現代化的會展場館，占地規模雖然大，但在總體規劃上，卻要做到不浪費一寸土地，達到既經濟又實用的目的。

（六）政府支持

現代化會展場館公益性很強，因而它從規劃到建造都需要得到政府的大力支持。有些城市在建設會展場館時，政府不僅在土地方面給予了很多優惠政策，而且還提供資金和人才。

二、中國會展場館的發展特點

（一）全中國會展場館總面積持續增加

中國 2001 年新增室內展覽面積 324630 平方公尺，2002 年新增室內展覽面積 412100 平方公尺，2003 年中國已經完成的新建和擴建場館總建築面積 654040 平方公尺，其中新增室內展覽面積 463284 平方公尺。與此同時，2003 年全中國有超過 579000 平方公尺建築面積的新館破土動工，全中國會展場館保持快速增長的步伐。

令人關注的大城市會展中心只是中國會展場館市場的一部分，另一支生力軍正在悄然發展壯大，那就是中小城市會展中心的崛起。2002 年建成浙江台州、山東菏澤等地的會展場館；一批中等及縣級城市都相繼建造會展場館；2004 年中國各地仍有不少中等及縣級城市正在為建設會展場館做規劃、招標和融資。

（二）單個會展場館規模不斷增大

中國目前已經認識到會展場館在規模上與國外的差距，因此，近來新建的會展場館面積不斷擴大。如上海新國際博覽中心規劃展館面積為 25 萬平方公尺。最近中國貿促會又傳來消息，北京新國際展覽中心的控制性詳細規劃已經通過審查，即將從規劃階段進入實施階段。一期工程總建築面積 37

萬平方公尺,其中展館面積將達到 20 萬平方公尺。總投資約 20 億元人民幣,除了貿促會自籌一部分外,將透過政府貸款方式籌得。

(三)會展場館集聚與分散並存

無論是會展中心城市在特定區域內的空間布局,還是會展中心城市內的會展場館的空間布局,都同時存在集聚與分散並存的局面。會展場館的集聚有利於單體會展企業降低基礎設施和市場營銷成本,形成規模效應;而分散則利於樹立新的形象。在會展中心的宏觀區位上,環渤海帶、長江三角洲與珠江三角洲形成了三個會展中心城市集聚帶,而在會展中心城市內,有的城市也形成了集聚帶。以廣州為例,如廣州的中國商品交易會展覽館與新建的廣州國際展覽中心形成了相對集中的展覽區。另外,在廣州,會展中心的分散趨勢也很明顯,如由於廣州會展業規模的擴大,在琶洲島規劃建設並於 2003 年秋季中國商品交易會投入使用的新會展中心,形成了一個新的城市副中心。

三、中國會展場館的發展存在的問題

目前中國的會展場館建設還處於國家和地方政府的壟斷建設管理的階段,它首先要體現的是政府某些部門的行政意志,而不是按市場規律進行經營。中國目前的會展場館的發展存在以下幾個方面的問題。

(一)會展場館規模偏小,國際影響力差,市場容量有限

先進國家的會展場館大多規模龐大並具有國際影響力。如德國漢諾威展覽會擁有世界上最大最具影響力的展覽場地,總占地 100 多萬平方公尺,是世界展覽會的發源地,已有 800 年舉辦展覽的歷史。而中國雖然有會展場館近 200 個,但大多規模偏小,展館面積在 5 萬平方公尺以上的寥寥無幾。

中國國內會展場館與世界展覽發達國家相比存在較大差距,首先表現為場館分散,展覽面積普遍偏小。我們從表 1-2 的統計數據可以瞭解中國主要會展場館的規模狀況。

表 1-2 中國國內部分主要展覽場館的規模狀況　　單位：平方公尺

會　展　場　館	規　模　狀　態
香港國際會展中心	建築面積24.8萬，可租用面積6.43萬
上海新國際博覽中心(一期工程)	室內展覽面積4.5萬，室外展館面積2萬
上海展覽中心	占地面積9.3萬，建築面積8萬
上海國際展覽中心	展覽面積1.2萬
北京中國國際展覽中心	室內展覽面積6萬，室外展覽面積0.7萬
中國出口商品交易會展場館	總建築面積17萬
深圳中國國際高新技術成果交易展覽中心	占地7.7萬，建築面積5.4萬，展覽面積3.6萬
武漢國際會展中心	規劃建築面積12.7萬，展廳面積5萬
武漢科技會展中心	規劃建築面積5.5萬，展廳面積3萬

會　展　場　館	規　模　狀　態
大連星海會展中心	展場面積2萬
重慶技術展覽中心	占地面積約24.4萬，建築面積4.5萬
天津國際經濟貿易展覽中心	展館面積1萬
陝西國際展覽中心	建築面積4.7萬
西安國際展覽中心	占地面積13萬，室內展覽面積2.6萬
蘇州國際會議展覽中心	展館面積1.5萬，展覽廣場5000
昆明國際貿易中心	建築面積9萬，室外面積1.2萬，室內面積7萬
廈門國際會議展覽中心	展覽面積10.3萬，室外面積5.6萬，室內面積4.7萬
南京國際展覽中心	建築面積10.8萬

　　——摘自馬勇，王春雷.會展管理的理論、方法與案例.北京：高等教育出版社

　　從以上數據可以看出，中國除被譽為國際會展之都的香港地區外，中國國內其他地區主要會展場館的實際展場面積達到 5 萬平方公尺的極少。但在歐洲國家，中等規模的展覽場館一般在 20 萬平方公尺左右，加上室外面積，

有 30 餘萬平方公尺。德國與義大利的會展場館建設十分典型，我們從表 1-3 中可以窺見一斑。

表 1-3 德國和義大利的部分展館規模　　單位：平方公尺

會 展 場 館	基 本 情 況
德國漢諾威博覽會展館	展覽館面積47萬，室外展場面積21萬
德國法蘭克福展覽館	室內展場面積29.2萬
義大利米蘭博覽會	展覽面積37.2萬，會議報告廳面積約1.4萬
義大利維羅納展覽中心	展覽面積20.3萬

——摘自馬勇，王春雷．會展管理的理論、方法與案例．北京：高等教育出版社

　　與國外發達國家相比，中國展覽業缺少「航母級」的展館，展覽面積十分有限。目前，上海的七大場館展覽面積幾乎都在 2 萬～ 3 萬平方公尺（上海浦東新國際博覽中心除外），展覽總面積有 15.38 萬平方公尺，主要位於浦東、虹橋、徐家匯三個區。對於一個 4 萬平方公尺以上的展覽會，必須分散到 2 個或 2 個以上的場館才能舉行。

　　（二）缺乏整體規劃協調，地區無序失衡發展

　　目前中國國內會展場館不僅分散，並且軟硬體設施參差不齊，地區分布嚴重失衡。一些經濟發達地區在很小範圍內集中 3、4 個會展場館，而中西部很多地區卻沒有會展場館。這一方面受制於各地經濟發展的差異較大，很多內陸城市缺乏經濟實力。另一方面，中國還沒有統一的會展管理協會，缺少相應的規範與標準，各地場館建設、會展舉辦都缺乏相互協調，經常產生重複，造成資源浪費、惡性競爭。目前中國迫切需要建立統一的會展行業性協會，使中國會展業步入良性發展的軌道，並制訂有關行規行約、行業標準、市場規範，促進優勝劣汰，規範會展市場。中國近期頒布了《專業性展覽會等級的劃分及評定標準》，預示著中國國內會展正向標準化規範化過渡。

（三）會展場館條件落後，服務配套設施不足

由於國情所限，中國會展建設的起點較低，許多現有會展場館的條件落後，設備簡陋，展館擴建缺乏資金；一些靠自籌資金所建場館整體水平不高，配套服務設施滯後，展館的管理水平也較低。

（四）展館建設政府性強，市場化水平低

中國的粗放式、外延式經濟增長模式決定了中國展覽業走的也是一種政府建設、行政管理的道路。這種發展模式追求的是絕對數量的增加，而不是經濟總體效益的提高，導致中國的會展場館收益水平和市場化水平低下。目前，中國展覽產業規模每年舉辦近 2500 個展覽會，會展活動規模已經很大，但會展效益差、產值低，每年僅為幾十億元人民幣。

（五）會展場館科技含量少，智慧化水平低

在科技迅猛發展的今天，運用現代高新技術對會展場館進行智慧化設計，創造舒適、安全、便捷的展覽環境，已成為會展場館建設的內在要求和必然趨勢。在當前的中國國內會展場館設計中，科技含量低是一個亟待解決的問題。以網路通訊服務設計為例，它是會展場館科技化與國際化程度的重要體現。然而在中國，到 2001 年 5 月，上海國際展覽中心才首家推出電腦上網寬頻接入 FTTB ＋ LAN 業務。因此，今後中國國內新建會展場館預先就應將電腦端口與寬頻網布局納入設計規劃中。

總投資超過 5.6 億元人民幣的南京國際展覽中心是屈指可數的智慧化會展場館之一。該展覽中心機電設備投資 1.5 億元人民幣，約占總投資的 1/4，智慧系統投入超過 4500 萬元人民幣，約占總投資的 8%，具體包括結構布線系統、停車庫管理系統、電腦網路系統、通訊系統、公共廣播系統、衛星有線電視系統、消防報警控制系統及智慧集成管理系統。南京國際展覽中心在場館設計方面為中國國內其他會展場館的智慧化建設提供了有益借鑑。

值得注意的是，其他場館設計必須進行充分的可行性研究論證，如果一味地效仿或不切實際追「大」求「全」，往往會造成設備的利用率低下和相當程度的浪費，而且將大大降低智慧場館的投資回報率。此外，設計者還應

熟悉掌握 2001 年 10 月 1 日國家頒布實施的《智慧化建設設計標準》，避免出現場館建成後智慧化系統集成性差、監控點配置不合理、控制不方便、操作不方便、系統應用效果不理想等一系列問題。

案例分析

展館成為會展業發展主要瓶頸

與發達國家相比，中國會展業起步較晚、規模還小、水平尚低，在場館建設、管理機制、組織手段、配套服務諸方面離國際水平還有相當差距。專家指出，中國會展業目前存在的主要問題是：在展館建設上缺乏長遠規劃和合理布局，展館規模偏小，供需矛盾突出。

目前，全中國展覽面積超過 5 萬平方公尺的展館只有北京國際展覽中心、山東博覽中心和福州展覽中心。上海自 1990 年代以來先後興建了國際展覽中心、世貿商城、農展中心、光大會展中心等新館，但是展覽面積都在 2 萬、3 萬平方公尺左右，而且布局分散，加上原有的上海展覽中心，全市的展覽面積不到 10 萬平方公尺。隨著上海新國際博覽中心的興建，將改變這一局面。

以漢諾威 CeBIT 亞洲資訊展為例，就是因為受到展覽面積的局限，讓人多少感到一些「盛名下的遺憾」。此次展覽在上海光大會展中心舉行，521 個參展商淨展覽面積 1.1 萬平方公尺，這個規模不僅無法與漢諾威 CeBIT 超過 41 萬平方公尺的展覽面積、近 8000 家參展商相比，就是與在北京舉辦的國際通訊展 5.5 萬平方公尺的展出面積、600 多家參展商相比也屬遜色，上海給 CeBIT 的施展空間實在是太小了！CeBIT 展的組織者也不無遺憾地對媒體表示，雖然這個展覽的整體概念都是德國風格，但是有很多好的想法在目前的光大會展中心沒有辦法實現。比如在漢諾威 CeBIT 上設有一套很好的電腦查詢系統，但是它要求整個場館都是聯網的，而光大會展中心不具備這樣的條件。

展覽面積有限，展會的規模、參展商的數量都會受到限制，並且展區的劃分也無法像漢諾威 CeBIT 那樣以專業展館的形式得到體現，難怪參觀者會有擁擠、嘈雜、混亂的感覺了。

在此之前舉辦的上海車展也一樣受到了這個問題的困擾。通用、福特、豐田、福斯、戴姆勒－克萊斯勒等每年被當作上海車展的頂樑柱，2001 年不約而同表示不來參展。上海車展因為場地狹小，總會把它們分在三處——與延安西路一路之遙的上海世貿商城和上海國際展覽中心以及與這兩個展館相距 7 公里左右的上海光大會議中心。由於場館限制，要在不同的三個地方舉行，分散不說，各個場館及其周邊的硬體條件也不盡相同。這就決定了廠家參展必須先定場地，後做策劃再布展。「工作人員在烈日下三處展館奔波勞累不說，這種場地布局勢必會導致觀眾分流」。這樣一來，也就難怪汽車巨頭們異口同聲地對上海車展說「不」。

更為嚴峻的是，21 世紀初，中國會展業將步入成熟期，屆時，不少國際專業展都將超過 10 萬平方公尺甚至達到 15 萬平方公尺的規模，展館面積不足的矛盾將會更加突出。

案例思考

1. 目前中國會展場館發展存在的主要問題有哪些？

2. 結合材料說明如何促進中國會展場館的發展。

第二章 會展場館經營管理理論與方法

會展場館管理是指會展場館管理者在瞭解市場需求的情況下，組織場館人員為實現場館共同目標而展開的有意識、有組織、不斷協調的活動過程。

會展場館經營是指場館以獨立生產者身分，面向市場，以商品生產和商品交換為手段，滿足社會需要並實現場館目標，使場館的經濟活動與場館生存的外部環境達成協調一致、動態均衡的一系列有組織有計劃的活動。

會展場館的經營與管理是兩個密不可分的概念。經營的側重面是向外針對市場，針對需求，所包含的主要內容是：市場調查和狀況分析，市場需求決定的目標市場選擇和市場定位，場館產品的組合和創新，客源市場和銷售渠道的開拓，從市場的角度出發來運用資金和進行成本、利潤、產品、價格分析等。管理的側重面則是向內針對具體的業務活動，所包含的主要內容是：按照科學管理的要求組織和調配場館的人、財、物，使場館的各項業務能夠正常運行；在業務運作過程中保證質量，激勵並保持場館工作人員的工作積極性，透過各方面的工作保證達到場館經營的經濟目標。從這裡可以看出，場館的經營決定管理，制約著管理；管理又是經營的必備條件。

▌第一節 會展場館管理的主要內容與觀念

一、會展場館管理的主要內容

場館的管理活動是以滿足社會需求並實現場館最大經濟效益為目的的。場館管理的範圍和任務，主要包括以下幾個方面。

（一）場館的組織與制度設計

場館管理的基礎是組織和制度的建設。它是保證場館正常運行的基本條件。因此，場館管理者必須在其管理思想指導下，首先確定場館的組織結構，確定場館部門的機構設置和管理層次的劃分，建立場館的領導體制，制定場館管理的基本制度。

（二）場館經營戰略和計劃的制定

場館在組織與制度形成之後，其管理活動的成敗取決於場館能否制定出正確的經營目標。而經營目標的確定過程，也就是場館進行市場調查、制定場館經營戰略和計劃的過程。因此，場館管理者必須不斷瞭解市場需求的變化，進行宏觀的市場調查與預測，並在此基礎上分析市場及場館所處的經營環境，確定以場館經營目標和發展規劃為主要內容的經營戰略。

（三）場館市場營銷

場館市場營銷包括場館產品設計、價格制定、銷售渠道和促銷等過程。場館市場營銷的核心是創造顧客。它要求場館在市場營銷分析與計劃的基礎上，開展市場營銷的組織與執行活動，並做好市場營銷的控制工作。

（四）場館人力資源的開發與利用

人力資源在場館管理中有著特殊的意義和作用。場館管理從某種意義上來說是對人的管理。場館必須將人力資源的開發和利用放在重要的位置。場館的人力資源管理包括：透過考核和選擇，對場館工作人員進行科學的配備；運用激勵和各種科學的獎勵手段合理使用人才；不斷對場館工作人員進行科學的培訓和教育工作。

（五）場館工程與設備管理

場館的工程與設備管理，就是對設計場館內部全部動力、照明、供水、空調、冷凍、通訊、電腦、電梯等設備，從選購、驗收、安裝、使用、維護保養、修理改造，直到報廢、更新為止的全程控制活動。

二、場館管理的觀念

（一）服務觀念

現代營銷理論告訴我們，產品的構思、設計、生產、提供和評估都必須以滿足顧客的需求為依據。對場館而言，服務是其主要產品，場館應該把向顧客提供滿意的服務視為一切工作的生命線。服務觀念是一個抽象的概念，但它卻表現在場館日常運轉的各方面工作之中。

（二）市場觀念

市場觀念主要表現在以下幾個方面。

1. 市場是場館生存與發展的依託

由於場館的經營受到政治、經濟、文化、地域、氣候等多方面因素的影響，所以，樹立市場觀念，把握市場的脈絡，瞭解競爭對手的情況和市場的需求是極為重要的。場館生存和發展的基礎來自對市場需求的認識及滿足這種需求的程度。優勝劣汰是市場機制的鐵的法則。場館必須在投資、價格、客源、經營內容和人力資源方面全方位進入市場、依靠市場，引導市場，才能在市場經濟的競爭中生存和發展。

2. 樹立以顧客為中心的經營觀念

在市場經濟條件下，場館要想生存和發展，取得理想的社會經濟效益，就必須樹立以顧客為中心的經營觀念。

3. 增強場館經營服務的透明度

場館應有意識地增加經營服務的透明度來提高顧客的滿意度，使顧客對場館的服務產生信任感。

（三）形象觀念

場館的形象也是場館的公眾形象或公關形象，它指的是在社會公眾心目中相對穩定的地位和整體印象，具體表現為社會公眾對場館或組織的看法、評價、要求及標準。形象和口碑是場館無形的財富和資源，是場館在經營管理活動中不斷塑造、積累而形成的。良好的形象能使顧客信任場館，吸引更多的客源，能提升場館的知名度，吸引人才，提高生產力。

（四）效益觀念

場館是一個經濟組織，其經營活動的最終目標就是要取得經營效益。場館經營效益的表現形式主要為經濟效益，場館最基本任務之一就是謀求最佳的經濟效益。效益觀念還強調場館必須重視社會效益，有了良好的社會效益，場館才能建立聲譽，吸引更多的賓客，才能取得預期的經濟效益。

對場館來說，要想謀求最佳效益，就要採取多途徑經營方式，努力增加收入；要嚴格控制成本，降低消耗；要重視潛在效益，加強場館宣傳，樹立場館品牌；要有效益觀和效益時間觀，不能只顧眼前利益，不顧長遠利益，不能只顧局部利益，不顧整體利益。

第二節 會展場館經營的戰略與決策

一、場館經營戰略

場館經營戰略是場館為了求得持續、穩定的發展，在預測和把握場館外部環境和內部條件變化的基礎上，對場館發展的總體目標作出的謀劃和根本對策。

（一）場館經營戰略的特點

場館經營戰略是場館經營思想的集中體現，是場館發展的基本要求，是場館制定計劃和進行經營決策的基礎。場館經營戰略的特點有以下幾個方面。

1. 長期性

場館經營戰略是對場館未來較長時期如何生存和發展的通盤籌劃，它不是場館對外部環境短期所作出的反應，而是著眼於未來，關注場館的長遠利益。它要解決的是場館未來的經營方向和目標。場館經營戰略的實現，要求從根本上改變場館的面貌，使場館達到一個全新的水平，使場館真正發展起來。

2. 全局性

場館經營戰略是以場館的全局為對象，根據場館總體發展的需要而制定的。全局性是戰略的最根本的特徵，場館的經營戰略，必須能從總體上制約場館的經營活動，其著眼點不是局部利益的得失，而是全局的發展。

3. 穩定性

　　場館在制定戰略的時候，要做深入細緻的調查研究，客觀估量場館在發展過程中可能出現的各種利弊條件，作出科學的預測，使場館戰略建立在既超前又穩妥的基礎上。

　　4. 競爭性

　　場館的競爭戰略是體現在激烈競爭中如何與競爭對手相抗衡的行動方案中，它謀求的是改變場館在競爭中的力量對比，在全面分析競爭對手的基礎上，發揮優勢，不斷擴大場館在市場上的占有率，從而使場館在競爭中占據有利地位，不斷發展。

　　（二）場館競爭戰略的內容

　　1. 戰略方向

　　場館的戰略方向，指在場館經營思想的指導下，決定場館的長遠的發展方向，它是場館領導者對場館未來的構想和設想，其主要內容包括：

　　（1）確定場館未來的發展方向。它要求場館要在市場調查和預測的基礎上，確定自己的客源市場和經營範圍。

　　（2）確定場館開拓市場的方向。場館的市場開發是場館經營至關重要的問題。確定場館開拓市場的發展方向，目標市場的確定是核心，它要求場館要在客源市場分析的基礎上，結合自己的特點，確定自己的服務對象、服務標準及基本的營業方針。

　　（3）確定場館未來的規模和發展水平。場館要在正確估價自己內部條件和設備的基礎上，把握自己所具有的一切發展因素，確定場館在相當長的時期內的發展規模和水平。

　　2. 戰略目標

　　場館的戰略目標是場館經營戰略的具體化。它是以一個或兩個目標為主導的一組相互聯繫和相互制約的目標體系，其核心是以銷售額和利潤額為主導的戰略目標體系。場館戰略目標是實現場館戰略方向的一系列經濟指標的總和。確定場館戰略目標應當注意的問題有：

（1）研究並預測未來的市場發展趨勢。利用過去和現在的數據來推斷和預測未來的發展需要。

（2）分析場館內部所具有的發展潛力，包括可運用的發展資金；場館工作人員的素質；場館設備情況；檢查場館是否已經具備了實現場館戰略目標所應具有的條件。

（3）場館的戰略目標是一組相互聯繫和制約的目標系統。它是場館總目標體系和部門目標體系的結合。確定戰略目標，要使場館部門目標同總目標系統保持一致，並使部門之間的目標得以協調。

3. 戰略方針

場館戰略方針，一般是場館在經營戰略上的重點，它是圍繞場館為實現戰略目標所制定的行為規範和政策性的決策。它涉及場館經營的目的和方法，場館和顧客、工作人員的關係等。戰略方針將隨著場館內部環境的變化而變化，場館在不同的時期會採取不同的戰略方針。

場館經營的總方針，通常是由場館的最高領導者來制定的。為了把總方針落實到各項具體工作中去，場館各個部門也都有自己的一套方針，稱為局部方針。局部方針是以總體方針為基礎形成的，是對總方針的具體化。按照場館外部和內部的關係來制定方針是非常有效的方法。

4. 戰略措施

場館戰略措施是場館為實現其戰略目標，在戰略方針的指導下，就場館發展中的中短期、局部的經營問題所採取的各種對策與措施的總稱。戰略措施是場館經營戰略的重要組成部分，是場館經營戰略的具體體現和實際運用，是確保戰略目標實現的有效手段。戰略措施的制定集中體現在一系列場館的經營計劃和經營決策制定上。從這個意義上說，場館的經營計劃和經營決策是以場館的經營戰略為基礎的，是經營戰略的具體化。

（三）場館經營戰略的制定

場館經營戰略的制定，就是制定和選擇實現戰略方案的過程，它表現為場館經營發展的長遠的、綱領性的總體設想。

場館經營戰略的制定，是在正確的戰略思想的指導下，在對場館所面臨的特定環境和內部條件進行分析的基礎上，確定場館的戰略目標、明確場館的經營領域，以及場館對所謀求的經營領域而採取的經營方針和策略的過程。場館經營戰略的制定的依據主要有三個。

1. 場館內部條件分析

制定經營戰略首先要分析場館內部條件，確定場館的優勢和劣勢，瞭解實現場館發展目標的有利和不利因素。場館的內部情況包括：

（1）場館的資金情況。場館的資金來源及構成，有多少資金可以用於場館本身的擴大和發展。

（2）場館工作人員的素質，即他們的服務技能、專業知識、外語水平、禮節禮貌等，是否已經具備和達到了場館服務標準的要求。

（3）場館的建築和設施是否良好和高於競爭者，對客源有無吸引力。

（4）場館本身的資訊能力是否已經達到能夠掌握市場需求和控制客源流向的程度。

（5）場館的銷售能力及服務水平與顧客的需求和反應的差距如何。

2. 場館外部環境分析

場館外部情況的考察與分析是與場館內部條件的分析同時進行的。主要集中在下面幾個方面：

（1）確定場館經營的市場，即掌握場館的客源市場的情況。

（2）分析競爭的局面和本場館的主要競爭者，從而尋求對場館有利的因素。

（3）測算場館發展需要的資金及條件。

（4）確定場館市場推銷的渠道及推銷方式等。

3. 戰略因素分析

這是將對場館外部環境和內部條件收集的資訊進行綜合評價的過程。透過戰略因素評價，可以認清自己的場館，瞭解本場館的優勢和劣勢，場館領導層可以找到本場館在未來發展中的最佳立足點，並將其體現在場館戰略之中。

上述三個方面是場館確定戰略方向和目標的主要依據。場館戰略目標確定之後，就可以開始謀劃場館總體完整的經營決策。

二、場館經營決策

場館經營決策就是場館為了達到經營目標，在掌握充分資訊和對有關情況進行深刻分析的基礎上，用科學的方法擬訂並評估各種經營方案，從中選出合理經營方案的過程。

場館經營活動中的決策行為，即場館管理人員在經營活動之前作出如何行動的決定。決策的全過程包括下面三個基本步驟。

（一）發現問題，確定決策目標

場館經營決策的目的是為了達到一定的經營目標。因此，確定目標是決策的前提。建立目標必須明確，在確立目標時必須注意目標的可行性。目標確定後，就應以確定的目標作為經營的方向和原則。

經營決策是從發現問題、確定目標開始的，這是決策的首要步驟。這一過程需要做好三個方面的工作：

（1）發現問題，找出需要決策的問題及癥結所在。

（2）確定決策目標。

（3）找出限制條件。

（二）分析經營環境，擬訂預選方案

根據確定的目標,擬訂兩個或兩個以上的可行性方案以供選擇。擬訂方案是進行科學決策的關鍵和基礎工作,是一項專業技術性較強的工作。在這一過程中需要做好兩個方面的工作:

(1) 場館可以聘請專家、學者或者具有專門知識的專業人員,將需要決策的問題的性質、目的、要求等交代清楚,讓他們進行專題研究。

(2) 專業人員要掌握大量調查資料和數據,做好預測,在認真分析經營環境的基礎上擬訂多種預選方案,建立決策模型。

(三) 評估方案效果,選擇最優方案

(1) 對預選方案進行分析比較,評估預選方案建立的基礎是否正確,是否是在客觀環境、調查資料和預測數據的基礎上建立起來的,確定其可靠程度。

(2) 根據各預選方案的決策方法,分析評估各個方案的預期效果。

(3) 對各預選方案的實施結果進行預測,從而確定各個預選方案的優劣程度。

(4) 在分析評估預選方案的過程中,要多方面考慮,把相關的政策和場館的實際情況具體結合起來。

第三節 中國會展場館的經營與管理

一、中國會展場館經營管理中遇到的問題

截至 2003 年 7 月,中國會展場館已達 158 個,平均使用率僅為 10%,使用率較高的是北京 35%,上海 50%。國外同規模的會展場館利用率指標達到 70% 以上。對於單一的會展場館而言,它的利用率在達到 60% ～ 70% 時,才可能發揮出最佳的市場效益。但中國會展場館目前整體的利用率僅在 10% ～ 30% 之間,這其中社會資源的浪費顯而易見。

中國會展場館的主要經營管理問題：

第一，場館經營主體不明確，管理體制不健全。

第二，場館軟硬體設備不符合市場競爭規律。

第三，場館專業化經營程度低，專業細分不明，影響服務品質。

第四，場館營銷管理嚴重缺位，將場館資產作為一個靜態管理。

第五，場館利用率低，導致饑不擇食的現象。

二、導致中國會展場館經營管理問題的原因分析

（一）政府宏觀調控不足，行業協會功能太弱

中國會展業缺乏宏觀管理和市場秩序管理；行業主體在經營中也缺乏自律；現有的管理和經營模式帶有濃厚的計劃經濟色彩，政府干預很深，卻沒有很好地進行宏觀調控；具體組織過多，結構不合理；會展場館所有權與經營管理權，會展場館的經營管理權與會展承辦權，產權和管理權界定不清，造成會展活動分工及職責不清，不能有效地進行市場化、專業化管理和經營。而行業協會也沒有實質的運作，沒有採用合理的策略與方法來向政府反映問題，形成協調機制，作用不明顯。

（二）場館投資過於盲目

全中國現有數十個已建、新建大中型會展場館，會展熱的掀起讓投資方認為有利可圖，不考慮場館建設戰略上的科學規劃與選址上的統籌布局，盲目興建場館，而會展數量的增長遠遠不及場館面積的增加。由此導致激烈的市場競爭，其結果要麼規模過大，場館空置率很高；要麼規模太小，用不了幾年就得擴建和改造，造成國家資金、土地資源的極大浪費。另外，投資方主體過多導致職責難以明確區分與定位，由此而產生的直接後果是資本投入與產出不對稱。

（三）會展場館定位不明確，經營模式單一

　　會展場館是會展活動的物質載體,在會展產業鏈中具有舉足輕重的地位。會展場館的硬體環境直接決定了承接展會的規模、等級,對會展業的發展起著至關重要的作用。場館建設沒有很好地研究當地的展覽市場,缺少科學、細緻、切實可行的市場調研,場館設計缺乏科學性。從世界會展場館建設的情況看,不管歐洲還是美國,其建築風格雖然不同,但都體現了實用的原則,而不是僅僅符合美觀的要求。建築要符合會展的特點,而且要充分體現以人為本的理念,充分考慮環保、交通等方面。而中國許多地方在建設會展場館時不考慮場館的特性,而一味將其建成標誌性建築。這種建設結果往往會導致場館投資過大卻又不實用。顯然,標誌性建築使建設成本加大,無形中也就加大了其經營和運轉的難度,使其經營和管理等各方面都面臨很大的壓力。

　　(四)配套設施不齊全

　　現代的大型會展活動要求會展場館具備完善的功能及周邊基礎設施。一些會展中心建成後,配套設施相對滯後,住宿、餐飲、交通、通訊等方面的問題都會給展會乃至會展中心的運營帶來影響。

　　(五)會展場館市場化管理水平不高

　　會展行業缺乏專業化的隊伍,自然無法提供專業化的服務。比如搭建現場的凌亂和不規範與場館硬體的日趨現代化、專業化的要求產生了鮮明的差距。

　　(六)缺乏專業會展場館經營人才

　　會展人才包括了會展核心人才(會展策劃和會展高級運營管理等)、會展業輔助性人才(設計、搭建、運輸、器材生產銷售等)以及會展業支持型人才(高級翻譯、旅遊接待等)。對會展場館來說,人才結構為:場館市場的營銷人才、項目的統籌人才、技術保障人才、場館的物業人才四個層面。目前的高管人員缺乏會展業的專業知識背景,大多場館的管理僅停留在物業管理的水平上,缺乏在場館經營與營銷方面的經驗與管理。因此,職業管理人才,尤其場館市場營銷人才、項目統籌人才缺乏是問題的癥結所在。

三、中國會展場館經營管理問題的解決措施

（一）政府部門須加強宏觀調控

中國會展業已逐步形成以北京、上海和廣州為中心的三個產業帶，這三個會展中心城市主要問題是會展場館供應不足，急需規劃建設和擴大建設大型會展中心。其他區域性會展中心城市，應根據市場需求，合理布局。區域內同一城市或城市之間會展場館資源應該共享，避免低水平重複建設和資源閒置。

（二）充分進行前期論證

會展場館的建設應與區域經濟社會發展相協調，與會展業整體發展相適應。在規劃建設會展場館之前應對所在地經濟狀況、產業結構、辦展環境深入調研，實事求是地論證項目可行性。政府應加強會展中心建設項目的前期評估領導工作，強化對會展場館建設的審批管理。對投資大、規模大（例如5萬平方公尺以上的）場館建設項目可以試行中央專家評估許可制。

（三）在場館規劃和設計上以實用為主

現代化會展場館不宜向高層發展，通常將展覽部分全部集中到地面層，而把其他小型輔助空間布置在各樓層，如二三層用作商務、會議、餐飲等功能。會展業與酒店業的融合已成為必然趨勢，會展場館與酒店的互融也已經在中國國內外出現了，為了更具吸引力和使用方便，許多會展中心與酒店建築物相連。如上海光大會展中心上層就是上海光大酒店。

場館選址應有方便優良的交通條件。場館布局、體量、功能等要適應和滿足展會各參與方的需要。

（四）投資主體多元化

會展中心的投資、興建、運營完全按照市場化運作是解決目前會展場館諸多問題的良方之一。多元化的投資主體首先要考慮的是投資收益問題，場館建設會更加遵循市場規律。隨著中國體制改革的不斷深化，在一些會展市

場較為成熟的地區，會展中心投資主體已不再被政府所壟斷，投資主體在日益多元化，會展中心成為真正的市場經濟主體變為可能。

（五）提高會展場館市場化管理水平

會展場館必須清醒地認識到會展工程服務企業質量良莠不齊、相互惡性壓價、無序競爭的危害性，樹立規範意識，制定標準規章，對於入館施工的工程公司的資質進行認定。會展場館要加強安全管理，場館之間應溝通協作，共同抵制工程搭建的無序，維護會展中心館內外正常的布置、施工秩序，為會展活動的成功舉辦創造良好的運營環境。會展場館方要統一思想，強調自我保護意識，加強協調和溝通，發揮比較優勢，透過細分市場，在創新中求發展。探討建立區域價格聯盟的戰略合作方式來完善適合本地區的合理價格體系，在推動本區域會展業繁榮和發展的同時，獲得共贏的結局。

（六）會展場館管理須以服務取勝

在對一個會展場館經營管理的評估中，大多採用經濟效益貢獻、活動項目數量、設施使用率等指標，較少將服務好壞列為衡量標準。其實由於一個城市大的會展場館通常都是個位數，客戶到某一個城市舉辦會展活動，對會展場館的選擇餘地很小，因此對會展場館服務的要求就特別高。會展場館服務質量的好壞將直接影響到主辦方、客戶和觀眾的回頭率及滿意度，是評價會展場館管理的重要標準，可以說是會展場館的核心競爭力。

成都國際會展中心在這方面就為我們提供了一個範例。從場館國際化、延伸展會服務、媒體報導策劃以及旅遊服務、合作辦展等方面，總結出一套新的一站式菜單服務模式。其鏈條圖為：成都會展中心一條龍特色服務（場館常規性服務—現在配套設施服務—場館新開發的會議度假旅遊服務）—延伸主辦方的觀眾組織服務—與主辦方合作開發品牌展會服務。據統計，成都國際會議展覽中心 2002 年的綜合收入是 2 億元，其中展覽收入僅為 3000 萬元，占總收入的 15%，85% 的收入是由展覽帶動的收入。成都會展中心除了為展商提供常規服務外，還提供多元化服務項目，並且注重與主辦方的合作，充分發揮優勢，挖掘潛力，形成了獨有的核心競爭力。

案例分析

成都國展：展館經營新攻略

在中國會展業發展高速增長的今天，展館投資熱一浪高過一浪，形成了全中國會展場館的「圈地運動」。令人不解的是，展館投資過後的運營問題一直困擾著中國國內二級會展城市以下的會展城市。武漢國展、南京國展和廈門國展不得不以被上市公司收購方式突破「重圍」，不過「展館經營」仍然是一個「燙手山芋」，誰也不願去「招惹」它。但就在眾多的二級會展城市陷入重圍的時候，成都國際會展中心卻強勢出擊，三年三次結構大調整，三次資本化運作，創造了展館經營的「典型盈利模式」。

成都國展是成都市政府和美國加州集團投資 14 億元人民幣於 1998 年建成使用的。當年的運營過程中，發現單一的展館經營收入很少，盈利額更少，而與會展相關行業的收入往往會高於展館和展會經營者本身，這就是說與會展相關的飯店、餐飲、娛樂等產業的收入相當可觀，於是成都國展在反覆論證和思考下正式決定，實施第一步場館的結構性改革和調整。1999 年，在國展附近建成了影城、老茶館、超市等 12 個項目，年度收入就增長 100%，實現了展館經營多元化的「軟著陸」。2000 年，根據會展和旅遊淡季、旺季的人氣聚集情況，實施新結構改革，確保人氣聚集指數的淡季不淡，並開發了國展的二期項目。中國西部論壇主場地、大型宴會廳、恆溫游泳池和新的會議中心的建成和投入使用，使成都國展的接待能力提高了一倍。2001 年 5 月份，柯達公司全球 CEO 及亞洲總裁齊聚會展中心召開了向四川希望工程的捐贈儀式，轟動一時。同年，柯達公司也把自己在中國分部的西部辦公地址定在成都。正因為成都國展堅持以會展為龍頭，帶動會展相關的旅遊、餐飲、娛樂、休閒、購物等綜合消費，從而使場館的盈利係數從 1：1 上升到 1：9。也正因為成都國際會展中心大量會展的舉辦，使這裡聚集了大量的人流、物流、資訊流。2002 年，成都國展的綜合產值突破了 3 億元人民幣。以成都展館為主體的商業帶一下子成為成都市的「副商業中心」，進一步詮釋了會展業促進城市商業區構建的帶動和促進功能，凸顯會展對城市的輻射遞增效應。

2001 年，成都國展透過調研發現，大量高級商務會所在現代化都市固定會議業有巨大的市場，因此，建造五星級酒店，吸收大量商務會所會員。每年這些會員在這裡消費達 7000 ～ 8000 元，兩年內展館吸收會所會員達 1 萬人以上。這些人士大多是成都市的商業名流，這些會員的鎖定為展館找到了一個穩定的客戶群，這也是解決成都國展人氣的淡、旺季差的有力手段。高檔會所會員的吸納更提升了展館的公信力、知名度和美譽度，實現了社會效益和經濟效益雙豐收。

案例思考

1. 歸納成都國展在經營攻略上的成功之處。

2. 聯繫實際，你認為中國的展館在經營方面有哪些地方值得改進。

第三章 會展場館組織管理

▎第一節 會展場館組織管理概述

　　場館組織管理業會展場館經營管理的一個重要組成部分。場館組織是由場館管理人員、服務人員和其他各種工作人員所組成的組合體。這些人員之間有著相互關聯的關係，透過運用各種管理方法和操作技能把投入場館的資金、物資和資訊轉化為可出售的場館產品（包括有形的和無形的），以達到場館經營目標。

一、場館組織管理的內容

　　首先，根據場館的實際情況和場館計劃所定的目標，列出達到目標所必須進行的工作和活動。將這些工作和活動合併組合，設置相應的部門、機構和人員來分別負責這些工作和活動。

　　其次，確定場館各部門及各類人員的權力和職責範圍，明確其中的隸屬關係、權責關係和協調關係，形成場館的指揮和工作體系。

　　此外還要制定場館一系列的規章制度，以保證場館組織的運轉，使場館組織的效能得到最大限度的發揮。

二、場館組織管理的原則

　　（一）適合場館經營的原則

　　場館的組織形式是為場館的經營服務的，因此，必須從場館的經營特點及場館的實際出發，根據場館業務運轉的需要確定場館的管理機構和組織機構。

　　場館組織形式在管理機構方面，要形成合理的結構，機構設置要適合經營業務的特點，為經營目標服務，要因事設機構，按需設機構。機構設置必須明確其功能和作用，任務和內容，工作量是否充分，以及和其他機構的關

係等。設立機構後就要配置管理人員。管理人員的配置原則是因事設職而不能因人設職，每個職位都應有明確的職責、權限和實際的工作內容。

場館組織形式在組織結構方面，是對業務的合理分類和組合。根據市場、決策目標、場館業務情況，把場館業務合理分成幾大類，把內容性質相同的業務歸為一類，並根據經營需要，妥善確定部門的歸屬。

（二）團結合作的原則

場館內有眾多的工作人員，處在不同的崗位。要使所有這些人員能同心協力地為實現場館目標團結奮鬥，場館組織就必須強調團結一致的原則，倡導場館各組織及工作人員之間的團隊精神，造就和諧團結的氣氛。

堅持團結一致的原則，場館各組織之間要能夠充分合作，互相體諒，互相扶持。要有一個處理人與人之間關係的基本準則，從而形成一個良好的風氣，使場館產生強大的凝聚力。

（三）層次原則

場館組織應分成若干層次和若干縱向系列。決策、指示按縱向系列由上層至下層逐級傳達，執行情況和回饋資訊逐級向上匯報。這種關係越明確，組織的決策和資訊傳達越有效。場館的組織結構的層次劃分，可以具體分為決策層、管理層、執行層和操作層。

場館上層是場館的高級管理階層，是場館的最高領導者和決策者。決策層由總經理、副總經理等組成。其工作重點是制定場館的經營方針和長期的發展戰略，確定和開拓場館的客源市場，並對場館的管理手段、服務質量標準等重大業務問題作出決策。

管理層由場館中擔任各部門的經理、經理助理等構成。他們的主要職責是按照決策層作出的經營管理決策，具體負責本部門的日常業務運轉和經營管理活動。管理層的工作對場館經營成功與否起著非常重要的作用。因為他們在場館中起著承上啟下的作用，是完成場館經營目標的直接責任承擔者。

執行層由場館中擔任基層管理工作的人員所組成的，如主管等。執行層是場館基層管理人員，他們的主要職責是執行部門下達的工作任務，指導操作層的員工完成具體工作。他們直接參與場館服務工作和日常工作的檢查、監督，保證場館日常運轉的正常進行。

操作層包括場館的服務人員和其他在職能部門工作的基層員工。

每一層的管理機構管理範圍應該有多大是組織管理幅度問題。管理幅度可以基於以下一些考慮來確定。

(1) 直接關係中上、下級雙方的能力。

(2) 工作的複雜性與相似性。

(3) 工作的程序化與標準化程度。

(4) 組織內部溝通與資訊傳達的方式和能力。

(5) 外部環境改變的速度。

第二節 會展場館的組織形式

一、基本情況

目前中國的會展場館主要分布在北京、上海、廣州、深圳及香港。

中國主要的會展場館大部分是由政府全額投資建設的，個別展館則採取了其他投資形式，如上海的新國際博覽中心由中國和德國聯合投資建設；廣東的現代國際展覽中心由政府與企業聯合投資建設；武漢的國際展覽中心由企業投資建設等。

二、組織形式

目前，中國國內主要的會展場館所採用的經營管理模式基本可分為兩大類三種形式。所謂的兩大類即投資方設立管理機構直接管理和委託專業管理公司管理；所謂三種形式即投資方設立的管理機構自行管理或投資方設立機

構直接管理的同時聘請有經驗的會展公司擔任諮詢顧問，專業管理公司受託管理以及投資方組成中外合資或合作公司管理等。

（一）投資方自行管理的同時聘請他人任諮詢顧問模式

中國國際展覽中心和中國出口商品交易會展館均採用此管理模式。中國國際展覽中心隸屬於中國貿易促進委員會，展覽面積為 8 萬平方公尺，由中國國際展覽中心集團管理。中國出口商品交易會展館建於 1974 年，展覽面積達 17 萬平方公尺，由外經貿部直屬企業中國對外貿易中心管理。

（二）管理公司受託全權管理模式

香港會展中心採用此種管理模式。香港會展中心舊館建於 1988 年，新翼部分於 1997 年竣工。香港特區政府投資 16 億港元興建舊館，48 億港元興建新翼部分。新翼的展覽面積為 6.3 萬平方公尺。由香港貿易發展局全權委託新世界集團旗下的新創建集團有限公司經營管理，舊館管理期為 40 年，新翼為 20 年，每年按照收入的一定比例上繳香港貿發局。自 2000 年以來，每年上繳收益額均在 5000 萬港元左右，約占當年營業額的 5% 左右。

（三）成立合資或合作公司進行管理模式

上海新國際博覽中心與上海國際展覽中心均採用此種管理模式。上海新國際博覽中心由上海浦東土地控股發展公司與三家德國公司（漢諾威展覽公司、杜塞道夫展覽公司和慕尼黑展覽有限公司）共同投資興建，雙方投資各占 50%。一期展覽面積為 5.75 萬平方公尺，投資額為 9900 萬美元。管理公司由德方出任總經理，中方出任副總經理，管理期限為 50 年。另一採用此模式進行經營管理的上海國際展覽中心，由虹橋聯合發展有限公司、中國國際貿易促進委員會上海分會及英國 P&O ASIA B.V. 共同投資建立，展覽面積達 1.2 萬平方公尺。

三、組織形式的優劣勢分析

對於目前中國國內絕大多數會展場館來講，政府是唯一的投資方。承擔經營管理具體工作的主體不外乎中方與外方，但不同的委託方式及中外方不

同的合作方式可能會給投資方帶來不同的收益，從而對城市會展業的發展帶來不同的影響。採用的經營管理模式不同，其產生的效果不盡相同，主要體現在運營收益、風險、管理水平、人才隊伍、發展前景以及社會效益等方面。現對三種模式的主要優勢劣勢進行分析比較。

模式一：政府設立管理機構自行管理或政府設立管理機構自行管理但同時聘請顧問公司。

1. 政府設立專門的機構負責會展場館的經營運作

優勢方面：

（1）國家作為投資方的收益較有保障，政府舉辦的各類活動，特別是公益活動的檔期較有保證，可以發揮展館經營的經濟效益和社會效益；

（2）熟悉本地市場環境；

（3）可為本地鍛鍊培養大批人才；

（4）經營發展策略可與城市發展戰略高度統一。

劣勢方面：

（1）運營風險自行承擔；

（2）人才要求較高；

（3）管理水平要求較高，而中國國內單位普遍比較欠缺國際大展經驗。

2. 政府設立管理機構自行管理的同時聘請顧問公司

除具有以上分析的優劣勢外，透過聘請具有國際經驗的顧問公司可以彌補舉辦國際展覽與管理經驗的不足，提高管理水平。但相應地，由於要支付一定的諮詢顧問費用，運營成本會有所增加，而且諮詢顧問公司的意見不一定能夠適合場館發展的長期戰略以及本地市場需要。

模式二：政府委託管理公司進行管理經營。

政府與受託方就管理事項簽訂合約，委託管理公司進行日常業務經營和管理，受委託的管理公司在委託期限內的固定收益按經營實際收入的固定比例獲得。

優勢方面：

(1) 選擇管理方時可以選擇信譽好、擁有豐富經驗的專業管理公司，其管理水平較有保障；

(2) 基本收益風險可以降低，一般可保證最低收益；

(3) 可以充分利用管理方的品牌及經驗優勢；

(4) 可以帶動培養本地專業人才。

劣勢方面：

(1) 運作成本相對要高，收益相對減少；

(2) 管理合約較繁複，合約期限通常較長，政府的實際收益相對減少；

(3) 專業管理公司規範化的運作對本地市場成熟度要求較高；

(4) 目前有經驗的管理公司多為境外公司，對本地文化習俗等方面的適應能力要求較高；

(5) 政府主辦的展會活動檔期除委託合約中有明確的規定外，其他的展會很難得到保障；

(6) 政府與委託管理公司的溝通存在不穩定因素；

(7) 不能保證受委託方對本地會展業發展戰略有一致的認同感，不利於會展業的長期發展。

模式三：成立中外合資或合作公司共同經營管理。

透過吸引外資，由中方與外方公共組成合資或合作公司承擔展館的經營管理，按出資比例或商定條件分享利潤、承擔風險。

優勢方面：

（1）可選擇有經驗、有信譽的外方專業管理公司進行合資或合作，可以融合中外管理優勢，管理水平較高；

（2）收益風險可由中外雙方共同分擔；

（3）可以利用外方經驗、品牌以及人才優勢；

（4）可以帶動培養本地專業人才。

劣勢方面：

（1）運作成本提高，收益較少；

（2）管理合約較繁複，合約期通常較長，較難根據市場情況變化作出反應；

（3）雙方的溝通與合作對經營效果影響較大；

（4）政府主辦的會展活動檔期除委託合約中有明確規定外，其他的會展活動很難得到保障；

（5）合資或合作公司經營戰略未必與城市發展戰略相吻合。

透過以上的分析，可以得出以下幾點結論：

第一，從有利於實施城市會展業發展戰略以及培育城市會展品牌方面考慮，政府擁有決策權的模式一（自行管理或自行管理並且聘用顧問公司）以及模式三（成立中方控股或掌握決策權）比較適合中國的國情。

第二，從政府投資回報及經營風險方面考慮，按模式一（自行管理或自行管理並且聘用顧問公司）、模式三（成立合資合作公司）、模式二（委託專業公司全權管理）的收益水平呈遞減態勢，但同時經營風險呈遞增態勢。

第三，從理解國家政策和適應城市環境方面考慮，專業管理公司以及中外合資或合作公司都需要較長時間適應本地市場，而政府在管理中占有決策權的方式較為現實。模式一（自行管理或自行管理但聘用顧問公司）以及模式三（成立合資合作公司但中方擁有決策權）的方式較為可行。

第四，從經營管理水平方面考慮，模式二（委託專業管理公司經營管理）最好。

第五，從所需專業人才角度考慮，目前中國大多數城市現有會展專業人才隊伍恐怕還不能滿足會展業發展的實際需求，必須吸收中外專業人才進行補充。模式二（委託專業公司全權管理）、模式三（成立合資合作公司）較有優勢，但從培養本地專業管理人才的角度考慮，自主管理可以創造更好的人才成長環境。因此，模式一（自行管理或自行管理但聘用顧問公司）具有相對優勢。

▌第三節 會展場館的組織結構

一、會展場館組織結構的含義

會展場館的組織是一種建立在場館經營功能上的職能活動，是場館管理的基本職能之一，是場館管理的基礎職能，是場館活力和經濟效益的決定性因素之一。場館組織現代化是場館管理現代化的重要內容。場館的組織結構是指場館內部的資訊溝通、權力分配、產品或服務流的相互連接方式，也就是場館內部如何分配人員角色、處理好人員關係，以滿足實現場館使命與要求的正式結構。

為了更有效地進行管理，合理組織管理人員的勞動，使整個管理系統有機地運轉起來並最終達成經營目標，就必須要求設計的組織結構合理。會展場館所設置的組織機構較為精練，聯繫緊密，便於集中管理。我們以上海國際展覽中心組織機構（如圖 3-1 所示）為例加以論證。

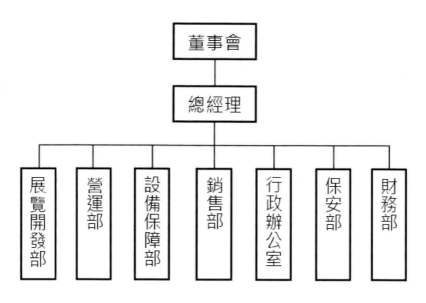

圖 3-1 上海國際展覽中心組織結構圖

從圖 3-1 中我們可以看出，上海國際展覽中心在董事會的授權下，總經理將某些工作按組劃分以便確保有效的協調和管理活動。這些工作組通常被稱為部門。部門下又有不同的職能分工，分層管理。

二、會展場館組織結構劃分

會展場館組織結構按照其功能可以劃分為行政部、財會部、人力資源部、項目協調部、工程部、組織部、保安部、內務部等。這些部門有著不同的職責，為場館的順利運行服務。

（一）行政部

行政部是場館的首腦部門。在這裡，場館總經理負責規劃各種遠景和目標以及實施的政策和策略，還要監督所有的預算執行情況、負責和會展經理簽訂有關場地利用的合約、協調與其他組織與部門的關係、指導員工工作等。而場館的副總經理監督每天的運營並協調其他員工。他們定期召開員工會議，出席所有的大會會議，核實場館各方面的運作情況，協調細節問題。

（二）營銷部

營銷部的主要任務是說服客戶在自己的場館舉辦展覽會。營銷部的員工必須能夠回答客戶對於場館的所有的疑問和所關心的所有問題，最終目的是與客戶建立良好的業務聯繫，使他們成為固定客戶。

（三）人力資源部

人力資源部是負責員工的招募、培訓與管理的部門，為場館的運作提供基礎人力條件。人力資源部會針對每個員工所具有的能力安排工作崗位，對每個崗位上的員工進行考核和評價。

（四）工程部

工程部負責場館的建設，維護場館內外的建築物，保證所有展會的安全順利進行。工程部需要配合展覽方協調確保資源的充分利用，並管理好資源，避免對場館造成損害，他們也要配合總體服務承包商，供給水、氣和其他的公共用品。

（五）項目協調部

項目協調部必須與展覽經理保持密切的聯繫，瞭解他們的需求，並在遵守相關規定與協議的條件下盡可能地滿足他們的要求。項目協調者必須瞭解展覽平面設計布局和日程表安排的細節，還需要知道要用到多少裝載支架、室內需要保持多高的溫度以及其他眾多細節。此外，還要對諸如清潔、食物遞送等許多其他工作負責。

（六）財會部

財會部主要負責協調處理場館所有的財務事務。

（七）保安部

保安部要負責保證所有的出席者、參展者和其他員工的安全，防止展品的失竊或人為的損壞。也需要指揮交通，幫助遇到困難的人。

（八）內務部

內務部主要負責清理建築物的垃圾，包括所有的公共場所、地毯、窗戶和休息室，負責全部的清理維修工作。

案例分析

中國展館新視線——蘇州國際博覽中心的組織管理結構

蘇州國際博覽中心按照現代企業扁平化管理結構，組成了由展覽部、財務部、客戶服務部、行政部、設施保障部五個部門以及國華展覽公司、國華廣告公司兩個二級子公司的組織架構，明確了各部門職責分工及業務流程，試行項目管理制度。蘇州國際博覽中心在展館未開館之前就加入了中國國內、國際展覽行業組織網絡，成為國際博覽會聯盟、中國展覽館協會和中國全國城市工業品貿易中心聯合會的成員，同時積極尋求國際合作。特別是在一年多的展館籌建過程中，全方位主動出擊，積極推介蘇州和蘇州國際博覽中心，引進展會項目和合作項目。

案例思考

1. 蘇州國際博覽中心的組織結構是怎樣的？

2. 結合材料分析中國場館如何在組織管理上取得更大的突破，進一步促進場館發展。

第四章 會展場館設施設備管理與工程管理

▌第一節 會展場館設施設備管理概述

場館以設施設備為依託，透過場館工作人員的服務活動，為顧客提供場館產品的使用價值，滿足顧客的各種需求。場館的設施設備管理是場館經營的基礎，是場館為顧客提供優質服務的先決條件。

場館設施設備不僅種類多、數量大、資產價值高，而且設備運行工作繁重、技術性強。場館的設施設備管理就是圍繞著場館設施設備物質運動形態和效用發揮而開展的管理活動。

一、場館設施設備管理的重要性

（一）設施設備是場館產品的組成部分

場館產品是由滿足顧客、市場需要的軟、硬體，場館的品牌形象以及服務等組合而成的。場館的設施設備屬於場館產品的硬體部分，它與場館的軟體結合起來，形成了場館完整的產品。因此，設施設備是場館產品中不可缺少的組成部分，是場館產品的基礎。

（二）設施設備水平是場館處於領先地位的重要標誌

從場館發展的趨勢來看，場館的設施設備朝著智慧化、現代化方向發展。占有優勢地位的場館其設施設備一般處於行業領先地位，代表著場館設施設備發展的潮流。

（三）設施設備是場館服務質量的基本保證

場館的設施設備是場館為顧客提供高質量服務的物質基礎，直接影響著場館的服務質量。設施設備的正常運行也是顧客衡量場館服務質量高低的標準之一。

二、場館設施設備的具體內容

(1) 場館建築物：主要指場館的房屋建築，包括場館的展覽館、會議室、停車場、餐廳等。

(2) 供應設備：是為場館提供電、水、氣的設備。

(3) 清潔衛生設備：主要是清潔和洗滌用設備。

(4) 供電設備：主要是供電和用電設備。

(5) 通訊設備：電話、傳真、電傳等通訊設備。

(6) 電梯設備：電梯、自動扶梯等垂直交通運輸設備。

(7) 家具設備：用於接待顧客、行政辦公用及其他用途的各種家具類設備及家用電器。

(8) 電腦設備：場館的電腦系統。

(9) 系統設備：指透過管線或其他方式聯繫，自成系統的各種設備，如上下水道、排汙、音響、閉路電視等。

(10) 消防報警設備：指報警系統和消防供水系統。

三、場館設施設備管理的任務

(一) 為場館提供能源

場館必須管理好設備的運行，為場館的日常經營提供各類能源，如供電、供冷、供熱、供氣等，以保證場館經營的需要。

(二) 對場館設備和設施進行維修和保養

對設備進行維修和保養，可以保證設備設施的正常運行，還可以節約資金和能源。

(三) 對場館設施和設備進行更新、改造和增建增設

為避免場館的設備老化，提高設備的技術裝備素質和適合場館經營發展的需要，應對場館的設備、設施和建築、裝修進行更新改造和增建增設，提高場館的競爭能力。

第二節 會展場館設施設備管理的內容

一、設施設備的購置

（一）設施設備購置的依據

1. 設施設備的實際需要

設施設備的實際需要是根據場館要求和場館經營決策，從實際出發來決定對設施設備的購置的。

2. 現有設施設備的情況

在購置設施設備之前，要先對現有設施設備情況進行分析，綜合分析考慮後再提出設施設備購置計劃。

3. 同類設施設備的市場情況

要注意國際上和中國國內先進水平對該設施設備的使用趨勢，還要注意顧客對該設施設備的需求傾向。

4. 要注意節能和環保

節能和環保是衡量設施設備先進性的重要標準。

（二）設施設備的選擇

在分析現有設施設備及掌握設施設備市場情況的基礎上，就可以開始選擇和購置設備。在選擇設施設備時應考慮以下因素。

1. 設施設備的實用性

實用性具體體現為：設計先進、使用方便、便於清潔和保養；外觀和使用給人以舒適感；安全性；效率、占地和耐用性等。

2. 設施設備的工作質量

場館的設施設備的工作質量應能達到場館計劃和質量要求所規定的標準。

二、設施設備的資產管理

設施設備一經購置就是場館的財產。對場館的財產的形態和狀況進行管理就是場館的資產管理。場館資產管理的目的是掌握場館的財產的分配和歸屬，掌握場館的財產狀況和運動，為生產經營活動提供依據。

場館相關設施設備管理部門要對場館所有的設施設備進行統管，根據場館對設施設備的分類法，把設施設備分成若干類，進行登記和保管。對設施設備的遷移、處理和報廢都要進行管理。

三、設施設備的合理使用

場館內的設施設備都是為展覽和會議服務的，它們是會展場館的硬體基礎，主要的設施設備可以分為專業設施和配套設施，主要指的是展覽中心和會議中心提供的展覽場地和會議場所及舉辦展覽會和召開會議所需的一切設施及設備。在使用的過程中要注意設施設備的使用要充分，但在使用的過程中也不能超負荷，更要注意維護和保養。

四、專業設施和配套設施的管理

（一）專業設施

1. 展覽中心專業設施

（1）展廳場地

展覽中心為了要適應各種類型的展會服務，展廳要精心設計。每個展廳設備要齊全，提供參展者和參觀者所需要的各種服務設施。展廳內的間隔牆在大型重要活動可以移開，從而將整個空間開放。展廳要不受區域使用的限制，可令多個活動同時舉行或分別舉行。要為戶外展會和展會擴建提供設施（大型車間建築和構造）。

最大的展廳既是為展會也是為觀眾喜愛的體育運動和文娛活動而設計的。這種雙重用途就要求必須要有增高的頂棚高度，能看到遠處的座椅，必須要安裝精密的照明設備、空氣調節系統、音響設施以及公共廣播系統、投影屏幕、記者間等。多功能大廳要設有獨立操作準備的可選擇入口，還有接待和票務機構、公共便利設施。

主建築和停車區的位置是由進入點、環境和循環路線決定的。在樓層設計中需要考慮將參觀者通道和通往裝卸貨棧的通道隔離開。而為了縮短步行者的參觀距離，可以從中央接待區沿著一側或在幾組展廳之間延伸至長條形中央大廳進行參觀者設置。還可以有選擇性地使用輻射狀聯動裝置，透過使用這種裝置能提供更大的展廳分割使用範圍。另外，那些為公共娛樂活動而設計的展廳通常需要有分開的直接入口，這種連接建築通常被大面積地裝上玻璃，可令參觀者從展覽所需的人造環境中獲得放鬆，而且也可以安置於兩個樓層臺。

（2）展廳設計

展覽大廳是會展場館的主要組成，可以採用單元體系和一體化展覽空間。單元體系就是指展廳採用一單元一單元建設，展廳的層高一般在 13 ～ 16 公尺，兩個展廳之間有過道，同時利用建築模數化，很大程度上能簡化建築結構和施工的難度。一體化展覽空間指的是將每層展廳之間在平時採用卷閘分割成獨立的部分，在有較大規模的活動時可以將兩個或多個展廳連續成一體，形成一個一體化的大展廳。

每個展廳都應該設置洽談室和洗手間，以及中西餐廳、餐飲網點等各種服務機構，要便於展商、觀眾就近使用。同時還可以規劃建設室外展覽空間。室外設有展廳場，使得內外展廳連成一體，互相結合，擴大展覽的空間。

單層大廳的設計通常是標準尺寸的，使用標準結構體系便於提前製造標準組合配件和快速搭建。要求隨目標展會的類型和運作的等級而變化，而且較小的展廳一般與在會議中心的那些展廳相似，特別是當它作為多功能廳使用時。

　　對於大型展廳，典型的設計為：輕量級屋頂的頂棚淨高通常為 7.6 ～ 8.6 公尺，但那些用來做娛樂活動的展廳可能需要 16 公尺或者更高的高度。鐵架結構盡可能寬，可以完全跨越大廳。在其他情況下，大廳內 30 公尺的支柱間隔和周邊牆 15 公尺的支柱間隔是很普通的。有跨度的支柱通常是 N 形或 V 形支柱，作為通向普通服務設施的通道。其他結構設計包括兩層空間構造和電纜支柱設計。頂棚構造要設計得可吊起沉重的設備，包括隔牆。

　　屋頂可以設計得突出而且廣闊，一次塑造獨一無二的輪廓。屋頂表面的排水可用於景觀湖、製冷系統和灌溉。

　　頂層構造必須符合規定的標準，特別是熱能隔音材料和太陽能減噪材料、填充物、工程設備、暗渠、電纜、鉛管工程、輔助設施、維修等。頂棚空出敞開，以便頂棚鑲嵌設備進入。

　　牆的較低處容易被刮傷或由於衝撞而受損，可以採用光滑的水泥結構、以磚打底的或者空心磚結構，它可以根據需要塗上想要的顏色。上部區域可以使用鑲板或貼板，它們符合消防安全標準，而且可以吸收一定程度的噪聲。從裝卸月臺通往廳內的大門必須很寬、很高，以供車輛通過，而且為了便於移動，通常是機械化的。獨立的出口線路通常也是必需的。

　　地面要求能夠承受沉重的負載，而設計規格通常是基於 200KN/m2 的統一負載量。地面構造通常是混凝土澆灌的，構造平整以防塵土。

　　（3）展廳要素

　1）展廳外觀

　　會展場館的建造設計材料要體現功能性，要求展廳建築本體堅固、耐用、美觀，能造成很好的保護內部環境作用，但外觀並不需要過多的裝飾。國外的會展場館一般都很注重經濟實用性。如慕尼黑展覽中心外觀並不豪華，看上去類似一排排的廠房或倉庫，但展覽和觀眾需要的設施一應俱全，非常實用。

　2）展廳面積

一般情況下，展廳內規劃的每一個展位的尺寸和展位數量決定了需要多大的淨場地面積，還要考慮展場通道、防火安全等因素再適當放寬，通常展廳面積計算大約為淨面積的 2 倍，還要加上主辦單位的場地或服務區等空間面積。展廳面積太小會給人以擁擠、侷促的感覺，而太大又會給人一種冷清、人氣不旺的感覺。

3) 展廳的層高

與底層相比，二層展廳的觀眾會減少一定的百分比，到三層則更少。這和展廳進出的方便性以及觀眾的心理因素有關。所以，展廳最好是單層的。每層高度應符合大多數展臺設計要求，適合布展作業。過低的天花板無法滿足某些展覽要求，如帆布展、大型設備展等，它會阻礙較高的設備安置，而且影響聲音的發散；而超標準的、過於高大的展館不但浪費資源，又會使置身其中的觀眾產生「螞蟻」化的感覺。一般來說，每層高度 13 ～ 16 公尺是基於一般展臺設計的要求，比較適中。

4) 地面條件

地面條件包括地面狀況和地面承重條件。大部分展場的地面為混凝土，如果鋪上地毯，在吸音和視覺方面都會產生良好的效果。

地面的承重條件如何決定了能否展出很重的設備，有些重型機械展對這方面要求很高。在展品運輸、展品安置和展品操作等方面均應考慮地面承重能力。展覽中心必須提供分區的地面承重數據，以便於布展和保障展覽活動的安全。

5) 細節問題

在展廳規劃中還有很多細節問題要加以仔細考慮，如出入口、洗手間、通道寬度等。

新型會展場館一般都在展館入口放多臺門卡機，採用讀卡過閘的管理方式，觀眾和來賓在進入展館前必須先登記個人資訊並領取卡片，方可憑卡進入。入口可以分為一般觀眾、專業觀眾、工作人員入口等，便於管理和統計。在展廳中，要根據人流量設置足夠的人員出入口，根據物流量設置足夠的通

往卸貨區的出入口。這可以滿足功能分區的需要，以及分解集中辦展時的大量人流和物流。

緊急出口必須標誌清楚，便於疏散。在每個場館的入口處要有簡明易懂的場館平面圖，同時還要在場館裡設置特殊或明顯的大型標誌便於參展者識別方向。

另外，通道寬度關係到展品運輸和場地安全，在規劃時必須綜合考慮場內人流量、防火需要等因素。在展覽期間一定要保證通道的暢通，不允許展品、廢棄物品等胡亂堆放在通道上。

洗手間是體現展覽場館服務水準的重要場所，必須方便人們就近使用，時刻保持清潔。

（4）展臺設計

框架展臺和自由展臺通常在重要展會中使用。雖然可根據展品類型的不同而變化，但框架展臺主要是建立在 9～15 公尺大小的單元基礎上的，而自由展臺可以大得多。對於展臺和過道設計方案的選擇要受到支柱的位置、出口的位置、展臺的規模和工程利用的鐵格線的影響。

展臺的最大占用要以每人 1.5 公尺為基礎，包括展臺員工在內，而且也用於計算緊急出口的寬度。雖然人流模式變化很大，但研究表明，在專業貿易展會的整個過程中，出租的展臺區每平方公尺大約 2～3 個參觀者；在消費展示會中會升至 20～30 個人或者更多。

參觀者在禮堂內的流通路線應該在走廊兩側的展臺前面。自由展臺主要位於展廳中心位置，以創造活力和多樣性。通往緊急出口的通道必須保留。貫穿於整個展廳的主要過道通常是 3 公尺寬，大型展會中增加到 4 公尺，周邊過道至少 2 公尺寬，通常是 2.5～3 公尺。

（5）充足的交流空間

交流空間主要指的是主體建築中人員能夠出入的大廳和散步道。參觀者可以透過散步道進入首層和其他各層的展廳，也可以給大眾提供休息的場所。

人車分流的場內交通系統一定要完善。貨物從專用通道運，要避免人流、物流交織影響內部交通。可以在展廳之間增設迴廊，將展廳之間互相銜接，形成寬敞的人流樞紐區域，使人流壓力充分緩解。應設有獨立的卸貨區，並預留充分的展品傳送周轉區域，方便布展。

（6）會展場館的內部裝修

會展中心的內部裝修可以體現與建築相適應的單元式做法。比如廣州國際會展中心的各展廳均採用白色及淺灰色材料，其造型由多層石膏板和鋁板條相疊而成，各種管道及檢修道隱沒在多組天花板之間，而周邊的立柱均為白色塗料，只有中部大柱採用灰色鋁板裝飾，其目的為裝飾內部的空調風口。展廳地面以鋼筋混凝土澆搗抹平的做法，樸素大方。

（7）布展空間

在布展時，展示設計的每個具體空間與展廳的整體規劃將發生密切的聯繫。

展廳的平面規劃應根據展示內容的分類劃分各具體陳列功能的場地範圍，按照展出內容的密度、載重、動力負荷，結合總體平面的面積合理分配位置，確定具體尺度。同時，要考慮觀眾流線路、客流量、消防通道等因素，結合展覽會的性質特點，規劃出公共場地的活動面積。

展廳的立面規劃組織應基於平面圖的基礎上，根據各具體展示功能的地面分區，考慮展線的分配，確定具體的展示內容和表現形式。要結合展示內容和表現形式以及展出場地現存的建築結構、風格來實現空間的過渡和組織管理，考慮協調空間環境的方方面面。

2. 會議中心專業設施

（1）會議室面積

會議室一般要大、小規模俱全，以容納不同規模的會議團體。對於某個特定的會議活動，確定合適的會議室面積時要考慮如下因素：預期出席人數、

布局、所需視聽設備數量和種類、放置衣架及資料的空間，等等。另外，還需準備一些氣牆、折疊門供隨意分割空間，以滿足不同的需求。

　　（2）座位和布局

　　會議室應該具有不同的空間布局形式，如禮堂式、劇院式、教學式、圓桌式等，以適合不同種類和規模的會議活動。不同的會議室的布局及家具的擺放方式，可以固定設置，也可根據需要隨時變換。

　　（3）會議室家具

　　會議室內的家具主要有桌椅、平臺、講臺等。桌子的高度一般是80公分，寬度最好能隨意組合，布置時以座位間隔令人舒適為原則。椅子有扶手椅、折疊椅等，可根據會議的需要來選擇。會議室平臺使用在不同的場合，特別是為宴會和講話者升高主席臺的位置，其長度可以任意組合，注意平臺搭建時需要仔細核查，使其符合安全規定。

　　會議室的講臺一般有桌式或地面式。在講臺上要準備好照明固定裝置和足夠長的電線。要確保在頂燈關閉的時候講臺照明的電源不會被同時切斷。一般來說，永久性主席臺允許安置供演講者直接操縱燈光和視聽設備的控制器，而便攜式講臺適用於臨時性布置，只要配有音響系統並能夠連接普通電源插口就可以了。

　　總的來說，選擇會議室家具時要考慮家具的牢固性和耐用性，便於儲藏，不適用時可以收在一起，最好是購買多用途的會議室家具。

　　（4）會議室照明

　　會議室的照明系統對會議效果和氣氛會產生很大的影響。會議室基本照明設備的種類主要有射光燈、泛光燈及特效燈光，有時還會用舞臺燈和聚光燈來突出講臺上某位演講人。還需要配備室內燈光的調光器，也可以設置頭頂暗光燈開關，以便使觀眾在看清屏幕上投影的同時，能夠記筆記。

　　（5）會議室空氣狀況

與會者集中在會議室封閉空間內，空氣質量大大影響著人們的健康和心理感受，因此要時刻保證室內通風良好，空氣質量良好。

一般要求會議室淨高不低於 4 公尺，小型的不低於 3.5 公尺；室內氣溫一般夏季為 24～26 度，冬季為 16～22 度；室內相對濕度夏季不高於60%，冬季不低於 35%；室內氣流應保持在 0.1～0.5 公尺每秒，冬季不大於 0.3 公尺每秒。

（6）其他細節

會議室的高度會制約投影屏幕的高度，影響放映機的距離和座位安排。因此在確定天花板高度時要考慮到吊燈、裝飾物等；會議室牆壁的隔音效果要好；在木質、瓷磚的地面上走動會發出聲音造成干擾，因此會議室需要鋪地毯；柱子嚴重影響座位數量與視聽設備的設置，如果會議室有柱子，要合理安排座位布局，使它們不至於遮住與會者的視線。

（二）配套設施

1. 場館的配套設施

（1）停車位

會展中心對於停車位的數量的要求非常高，往往需要大面積的停車場或停車樓。根據典型數據統計可以看出，德國大型會展中心的停車量一般能達到不低於每千平方公尺展覽面積 70 輛車。

關於停車場地的預留，像德國漢諾威博覽會展館配備了電子導向系統的5 萬個停車位，慕尼黑會展中心有 1.3 萬個停車位，義大利波隆那展覽中心擁有 1 萬個停車位。而在中國國際化程度較高的上海，其國際會議中心地下停車場，車位僅 600 餘個。今後，隨著中國居民私人擁有車輛數量的不斷增加，停車場地預留的充足性將在會展場館設計中日益引起重視。

（2）綠化

大型會展中心還有大量的用地來進行綠化和環境處理。在會展中心各展廳之間或主要的軸線上設置綠化休閒場地，供參展者、參觀者使用，並可開

展多種室外展示活動。要在場館外圍，特別是主要入口的周邊進行大規模的景觀設計。大片的人工湖，對營造良好的環境氛圍，改善小氣候及消防設備都很有好處。在允許的範圍內儘量增加綠化面積是各場館都在努力爭取的目標。

(3) 標誌

由於會展中心的規模龐大，必須擁有明確、清晰、高效率的標誌設計。這對於來訪者方便地到達會展中心所在地，尋找停車場、主入口，乃至在場館內高效地到達目的地都極為重要。一般的人行走在這樣大體量的建築群中往往會迷失方向，進而引起疲勞、焦慮等不良感受。因此，良好的方向感和必要的標誌指引非常重要。通常的建築手段是採用矩形的空間或明確的軸線來進行方向的指引。

(4) 主入口的布局

大型會展中心往往需設多個入口，分布於幾個主要的方向，既有利於大量人流、物流的集散，也有利於同時舉辦多個展會而互不影響。同時，主要的人行入口和貨物入口也需分別布置。各入口需要考慮到與主要道路、停車場、軌道交通及公共交通站點的關係，這是解決會展中心與外界高效聯繫和組織內部交通的關鍵。

(5) 餐飲設施

一個會展場館還應該具有餐飲服務的場所和設施。但是目前，中國會展場館尤其是展覽中心的餐飲服務場所和設施的條件較差，餐飲服務水平較低，大部分參展人員只能選擇品種很少的飲品和飲料，而且價格相對較貴。餐飲網點等各種服務機構要分布到各個展覽周圍，便於展商、觀眾就近就餐。

(6) 安保設施

展覽活動中人員眾多，展覽環境的安全性是極其重要的。展覽中心一般會提供展館基本安全保衛工作，以保障展覽活動的安全環境和良好秩序。展廳內嚴禁動火銲接，嚴禁攜帶和展出各種危險物品；所有展臺、展品、廣告牌的布置不得占用消防通道及安全疏散通道，不得影響消防設施的使用；展

館展位裝修所用的材料必須進行防火阻燃處理；布展時的包裝物品等可燃材料應及時清出館外，存放在指定的安全場所；特裝展位的搭建按規定不得超高；廣告牌的搭建必須牢固可靠，符合安全要求；展商在展期內要妥善保管各人的提包、現金、手機、證件等貴重物品，不得隨意丟放展位上；若發生燃、爆等突發事件，要保持冷靜，服從公安、保衛人員指揮，盡快疏散到廳外。

(7) 貨物裝卸與運輸

它是會展場館專業化程度的重要體現。義大利米蘭國際展覽中心十分重視場地服務和貨物搬運工作：運貨車在展廳內部開行，行車路線為專線，與觀眾的路線分開；在貨物裝卸區有功率強大的通排風裝置，還有許多貨物升降機，這些為參展商提供了便利的布展條件。此外，現代會展場館要具備舉辦大型展覽會的能力，因而應該在展廳後側設置貨物裝卸平臺，使大型集裝箱車可直接駛入展廳布展。國外參展商尤其重視展館的這些條件。

(8) 臨時辦公場所

國外會展場館一般都能提供全方位服務，包括銀行、郵局、海關、航空、翻譯、日用品、商店、餐飲等，整個服務體系十分完善，使會展中心成為一座城中城。中國國內許多會展場館近年來已經開始注重這方面的配套設計。例如，廈門國際會議展覽中心在主樓兩翼頂層各有一面積約 6000 平方公尺的屋頂花園，可用於休閒、旅遊或觀海，這便極好地拓展了會展場館屋頂的空間功能。另外，主樓內還設有貴賓廳、接待室、觀海廳、資訊中心、新聞中心、商務中心、快餐廳和咖啡廳，以及展覽期間海關、商檢、動植檢疫、衛生檢查、銀行等部門的臨時辦公場所。

(9) 其他

大規模展會涉及的內容除展覽之外，還包括諸如資訊諮詢、新聞轉播、餐飲休閒、紀念品銷售和住宿等配套服務設施。大規模的會展中心還設有新聞中心、展覽服務機構等。但酒店設施一般靠城市功能來解決，僅有少量的會展中心會有自己的酒店。如杜塞道夫市周邊有 7.5 萬張酒店床位，在大型

展會期間預訂酒店非常困難，因此會展中心就計劃在 2010 年前建設自己的四星級酒店。

2. 場館配套設施的管理

(1) 視聽設備

在當今科技創新的時代，現代化會議中心的發展和競爭能力的提高，依賴於高科技視聽設備的應用。會議中心視聽系統主要包括麥克風、揚聲器、屏幕、幻燈機、投影儀、VCD/LCD/DVD 機、同步翻譯系統等，保證所有這些設備規格齊全、質量穩定，是會議活動順利舉辦的前提。

此外，會議中心必須要適應潮流，配備先進的電腦系統，提供上網專用高速度數據接口，充分應用電腦和網路的功能，更好地為會議活動服務。

(2) 客房條件

客房的數量、大小、水準是影響會議組織者選擇會議地點的重要因素。足夠的客房數量是保證所有會議客人都能同時入住的基礎條件。對於會議組織者來說，所有的與會者住在同一地點有利於管理、安排，因而在選擇時會給予有此容納能力的競爭者以較多考慮。此外，關於客房方面的因素還包括：是否有專門的貴賓房間、房間裡都有些什麼媒體設備、是否有客房服務、入住和退房手續便利程度，等等。

(3) 娛樂設施

會議客人的團體性通常要求酒店或會議中心具有豐富的娛樂設施，供與會者舉行文化交流、休閒活動等。有些會議對於娛樂設施的要求比較高，如果會議中心的娛樂設施不夠豐富，也可以和周邊的娛樂場所合作，安排一些優惠活動，鼓勵與會者參與，實現互利互惠。

(4) 公共區域及設施

會議活動的舉行不可避免地要涉及走廊、電梯、洗手間等公共區域，電梯載客量要滿足會議期間大規模的人流要求，洗手間要保持乾淨整潔，要設

有專門的衣帽寄放處，等等，這些公共區域的條件也是影響會議整體吸引力的要素。

第三節 會展場館工程管理

一、場館工程管理的任務

場館工程管理涉及場館內全部動力、能源、電力、照明、供水、空調、冷凍、通訊、電腦網路、電梯、防火等設備和展覽館、會議室、餐廳、辦公室等內部設備，以及場館建築結構等維修保養工作。其任務如下：

（一）保證能源供應

場館工程部負責對場館供電、供熱、供冷、供氣設備的控制和運行。為了保證對場館的能源供應，場館工程部要管好用好供應能源的設施設備。

（二）及時維修保養場館的工程設施

只有維修保養好場館工程設施設備，才能保證場館正常運行。

（三）做好場館裝修工作

做好場館的裝修工作是樹立和保持場館的良好形象的基礎。

（四）搞好場館設備更新改造工作

場館經營一段時間以後，設施設備就會老化，所以要搞好場館的設備更新工作。

（五）提高場館的經濟效益

近幾年來，能源、工程和修理費用在不斷地上升，因此，為了提高場館經濟效益，就必須重視和加強工程管理和設備維修工作。

二、場館工程管理的內容

場館工程管理的內容可以分為場館工程的基礎管理和專業管理。

（一）基礎管理

場館基礎管理是指為了完成場館工程管理職能而提供資料依據、共同準則、基本手段和前提條件的最基本的管理工作。

1. 場館標準化工作

場館標準化工作的主要任務是制定與場館工程和設備有關的標準、組織實施標準，並對標準的實施進行監督。

2. 場館計量工作

場館計量水平反映了場館在一定歷史時期內的科技和經營管理水平，是一項綜合性的技術基礎工作。場館計量工作包括與場館工程和設備有關的計量測定、測試、化驗和分析等方面的計量工作和計量管理工作。

3. 場館定額工作

場館工程管理中的定額工作包括與場館工程有關的各類技術經濟定額的制定、執行、修改和日常管理工作。定額是場館在一定生產技術組織條件下，在人力、物力、財力上的消耗、占用以及利用程度方面應當達到和遵守的數量界限。

（二）專業管理

每間大廳內的工程服務主要分為兩大類：需要維護建築功能的服務設施和個體展位需要的實用設施。以下將列舉各種工程管理分項說明。

1. 為展位服務的公共設施

此類公共設施一般放在有 3 公尺或 6 公尺寬蓋子的地下溝渠系統內，以適應展位的布局。服務設施的通道為地下走廊和儲物間。公共服務設施包括單相或三相電源插座、電話和電腦線、壓縮空氣、飲用水、排水和燃料供應。為了保持展臺和大廳的清潔，還可以安裝吸塵器。管線和電纜的位置、彩色標示、隔牆、閥門和開關必須符合安全要求。

2. 建築工程服務設施

環境服務設施主要放在頂棚的空處，包括空氣暗槽、電纜、電線保護管內的母線、噴灑滅火系統、擴音器、閉路電視、連接到資訊板上和屏幕上的電腦系統。

3. 空氣調節系統

對於大型展會廳，6～10次/小時的換氣一般就足夠了，但對於多用途禮堂，這一比率則需要調高。

4. 照明設施

自然光常常是展廳的不足之處，但在正廳、走廊、餐廳和其他附屬區則必須提供自然光。燈飾的設計取決於禮堂的高度和特色。在展覽期間，要有與展位需求相符的燈光加以補充。在有高級設備的大廳內，協調色彩普遍採用1000W高壓水銀燈。對於頂棚較低的區域，木板或頂棚系統的平衡螢光燈可能更合適。

展覽照明對於突出展品和增強空間氣氛起著重要的作用。展覽照明的採光形式包括天然採光、人工光源採光及兩者綜合採光照明三種形式。但就商業性展覽而言，因為其展期短、照度水平要求高，所以除了室外陳列，大都採用人工照明或天然光與人工光源結合兩種形式。要注意，室外的電器照明設備都應採用防潮型，並要落實安全措施。在室內，要避免反射與眩光對觀眾的干擾作用，應該慎重考慮窗戶和燈具的位置及展廳的照度分布。展覽中心一般都對所有標準攤位的照明及電源安裝提供服務。

5. 安全和通訊系統

為安全，必須提供更多的安保設備。一般來說，場館在展位、會議室、辦公用房等場所均提供多部直線電話，一般中國國內的展覽中心展館內都有中國移動和中國聯通的無線涵蓋系統，可支持手機使用，有些展館內還設有無線市話（小靈通）機站，可支持小靈通使用。除此之外，展覽中心還應適當設置銀行卡、IC卡公話，以及供領導和代表團使用的保密電話，更好地滿足展覽活動中的各種通訊需要。

6. 展架展品

在搭建展臺時，展覽會對展架及展品都有明確的限制規定，尤其對雙層展臺、樓梯、展臺頂部向外延伸的結構等限制更嚴。限高往往不是禁止超高，如果辦理有關手續並達到技術標準，有可能獲准超高建展臺、布置展品。很多展覽會禁止使用全封閉展臺，但是展出單位往往需要有封閉的辦公室、談判室、倉庫等。因此，協調的方法一般是規定一定比例的面積朝外敞開，允許 30% 以下的面積封閉。

7. 展覽展具材料

在很多國家，展覽會規定必須使用經防火處理的材料，限制使用塑料，限制危險化學品。絕大部分國家的展覽會對電器都有嚴格的規定，所用電器的技術指標必須符合當地規定和要求。

8. 走道

走道的寬度都有一定的規定和限制。為保證人流的暢通，展覽會規定走道的寬度，禁止展出者的展臺、道具、作品占用走道。電視演示、零售往往造成堵塞，對此也有相應的要求，比如電視不得面向走道；櫃臺必須離走道一定距離等。

9. 消防

展覽會期間應高度重視消防安全工作。嚴禁將易燃、易爆、劇毒或有汙染的物品帶入展覽中心場館，展館內嚴禁吸煙，嚴禁參展單位擅自裝接電源和亂拉亂接電線。展場內的布局應留有足夠的安全疏散通道，主通道不得窄於 5 公尺。嚴禁在電梯、樓梯口等安全疏散通道上擺設任何物品。布展基本結束後（一般在開幕的前一天），主辦單位（承辦單位）須會同展館有關部門以及公安消防部門，組織一次以防火為主的安全大檢查，對查出的隱患應立即進行整改。展品的包裝用具在布展後應盡可能運出館外，嚴禁亂放。遇有緊急情況，主辦單位（承辦單位）及展館工作人員組織起來，統一指揮，按指定通道有序撤離。

如果是大面積的展臺，必須按展館面積和預計的觀眾人數按比例設緊急通道或出口並設標誌。必須配備消防器材。有些展覽會要求展臺指定消防負責人，並要求全體展臺人員知道消防規定和緊急出口等。

10. 供電

展館主要供電線路一般為三相交流電，線路頻率為 50 赫茲，（標準供電電壓為 220/380 伏）。主變壓器的最小容量應為高峰負荷的 150%。展館的供電系統要滿足各個不同展覽活動的電力要求，在線路負荷方面一定要做好充分的估計。展廳內要設有足夠的電源接口和插口。

展館用電必須有嚴格的規定，電器安裝時必須保證線路連接可靠，充分考慮通風及散熱，不與易燃物直接接觸，以免發生意外。參展方如果需要 24 小時供電或延時斷電必須事先向展館提出申請。在展館用電及安裝燈箱必須提前將用電圖紙報展館有關部門審核，經同意後方可實施，並由展館工程公司派出電工指導裝接電源。

11. 給水排水

展館的供水系統主要包括全區域的循環水網、空調的冷凍水管道、洗手間的冷熱水供給，等等。排水系統包括整個展館的冷水、熱水和廢水排泄系統。給水排水設施是為展覽活動提供生活用水、美化環境用水和消防用水的重要基礎設施。在展廳規劃時要考慮設置足夠的給水口和排水口，時刻保證輸水管道的暢通。

12. 空調

展館在展會期間有大量人員聚集在室內展廳中，因此展廳的空氣質量顯得非常重要，在一定程度上會影響展覽活動的效果。展廳的空調系統可以調節人們所需要的溫度、相對濕度、空氣流動速度和空氣潔淨度，使人們長時間處於舒適狀態。現在一些較新的展覽中心還採用了天窗自然換氣系統，由電腦按照內外部環境濕度自動控制調節窗的開啟度，提高了展廳內的空氣質量。

在展會期內,主辦單位如果要求使用空調,必須提前向展館提出申請。使用空調期間,主辦單位必須協助做好門窗的關閉工作等,做到人員進出隨手關門,以確保空調的效果,減少能源的浪費。

13. 電梯

對於有多層展廳的展覽中心而言,其電梯系統對於運送人流和運載展品具有不可替代的作用。所以在一些中央人流密集區和迴廊區要安裝足夠的自動手扶電梯,這樣在大型展覽期間才能解決參觀人流在不同層面大規模快速流動的問題。在實際使用時,應根據具體流量情況來確定不同的運送方式,以節約能源。

展品及大件貨物僅可透過貨物電梯進入上層展廳。自動扶梯和客梯絕對不能被用於運送任何貨物、設備或家具。布展和撤展期間不得使用自動扶梯。自動扶梯在停開期間不要當作樓梯使用。

14. 網路和資訊

展館應配備智慧化網路系統,如電子登錄系統、電腦查詢系統等,並能夠提供包括 ADSL、無線寬頻網、有線寬頻網在內的多種上網服務。

有的展覽中心還在展館主要公共空間設有多臺觸碰螢幕,為參展商、參觀者提供方便的資訊查詢、交流的手段。主要提供導覽服務,廣告發布(網頁廣告發布及 VCD 影片廣告播放)服務,組展商、參展商的資訊查詢和發布服務,展館、展會介紹和宣傳服務,等等。

15. 公共廣播

公共廣播系統負責向展廳、辦公室、走道等區域提供可靠的、高質量的背景音樂以及緊急廣播、業務廣播等服務。在發生火災及其他緊急情況時,可以與消防聯動,滿足火災緊急廣播的要求,在緊急疏散時造成指揮作用。

案例分析

廣州新國際會展中心

2002 年底建成使用的廣州新國際會展中心位於廣州市東部琶洲島地區，這一地區被規劃為廣州新城副中心。廣州新國際會展中心是廣州市新的城市標誌性建築，它集會議、展覽、商務洽談等功能於一體，並兼具展示、演示和宴會等功能，會展中心總規劃用地 92 萬平方公尺，工程分兩期建設，一期工程是主體部分，二期是配套部分。首期工程總用地面積為 43 萬平方公尺，建築占地面積為 12.8 萬平方公尺。整個會展中心按照錯落的分布累計起來高 6 層。會展中心外形為流線型的金屬鋼架結構，主體建築被一條寬 40 公尺、長近 450 公尺的散步道分為南北兩部分，快餐等服務設施均設於散步道內。16 個展廳則分別位於散步道兩側的三層樓中。

廣州新國際會展中心的展廳主要集中在一層和二層，每個展廳大約有 11340 平方公尺。首層的最大特點是「壯實」，承重能力特強，在此舉辦重型機械展，綽綽有餘。二層展廳為無柱大空間，長 130 公尺、寬 90 公尺、高 23 公尺的大廳內沒有一根柱子，視線完全不受限制，非常舒適。

廣州新國際會展中心是高科技、智慧化、生態化完美結合的現代建築，多項配套設施都是按當今國際一流標準設計的。空調採用先進的定風量低速誘導風系統；玻璃幕牆有防輻射、保溫和隔熱等功能；屋面採用虹吸式雨水排放系統，既不破壞屋面的整體建築效果，又保證了雨水的及時收集和排放。會展中心的智慧、通風等幾大系統，也都是世界一流的。展廳的頂部則有數排巨大的圓孔，分東西或南北方向互相對應，擔負著龐大展廳的空氣調節和送風功能。由於採用了整體送風方式，可以減輕建築群內冷卻機、空調機等的運行負擔，大大節約了成本。

案例思考

1. 廣州新國際會展中心的設施設備具有哪些特點？

2. 結合材料思考中國會展場館如何走上國際化道路？

第五章 會展場館市場營銷

▌第一節 會展場館市場營銷概述

一、會展場館市場營銷概述

會展場館市場營銷作為場館管理體系中不可缺少的組成部分，越來越受到經營者的重視。

場館市場是指有潛在興趣、有潛在需求、有可能購買場館產品的任何人或組織。場館市場營銷是為了讓顧客滿意，並實現場館經營目標而展開的一系列有計劃、有步驟、有組織的活動，它是一個根據顧客的需要和要求而展開的產品、價格、銷售渠道及促銷策劃和實施的全過程。

場館市場營銷管理是指對場館的經營項目、市場及營銷活動進行分析、計劃、執行及控制，以便能創造、建立和維持與目標市場的良好交換關係，達到實現場館總體經營目標的目的。

場館市場營銷管理的任務，就是分析需求、引導需求、滿足需求，從場館顧客需求的滿足中獲得場館的經濟利益。

場館市場營銷涉及多種活動。它包括瞭解市場及客戶；預測未來各個時期內的市場需求量及其發展趨勢而展開的市場調查與預測活動；收集顧客意見和競爭情況的資訊回饋活動；制定市場營銷策略的活動；場館形象的商標、包裝的選擇和設計的產品活動；場館的價格決策、價格策略制定的活動；廣告宣傳活動；產品分配與推銷活動；售前售後服務活動；市場營銷計劃的制定、執行、控制和分析活動。

二、場館市場營銷分析

場館市場營銷分析包括對市場營銷環境、客戶的消費行為、場館客源市場、場館競爭形勢的分析研究等。

（一）場館 SWOT 分析

場館 SWOT 分析是指場館經營者透過對營銷環境進行系統的、有目的的分析，明確場館的優勢（S）、劣勢（W）、營銷機會（O）和威脅（T）。場館的經營管理及其營銷活動都受到來自場館內部和外部眾多因素的影響。我們把影響場館營銷活動的內部因素和外部因素所構成的系統，稱之為場館營銷環境。把有利於場館營銷活動順利而有成效地開展的場館內部因素，稱為場館營銷的優勢（S），反之，把不利於場館營銷活動開展的場館內部因素，稱為場館營銷劣勢（W）。而場館營銷機會（O）是指有利於場館開拓市場、有效地開展營銷活動的場館外部環境因素。反之，把不利於場館開展營銷活動的外部環境因素，稱之為場館營銷威脅（T）。

1. 場館優勢、劣勢分析

場館組織機構、文化和資源是判斷場館營銷優劣勢的三大重要因素。

場館組織機構優劣勢分析包括場館決策層人員的經營觀念與素質、部門的設置和分工協作、中層管理人員的素質以及基層工作人員的職業形象等，透過對這些內容的分析就可以確定場館的組織機構是否有利於場館營銷活動的順利有效開展。

場館文化包括場館的精神面貌、優良傳統、良好的聲譽、場館的外貌形象、內部規章制度、獎懲制度、分配制度、場館工作人員的職業道德、產品藝術設計等具體內容。

場館資源包括人力、物力、財力、工作時間及管理經驗和技術等內容。

2. 場館營銷機會、營銷威脅分析

場館外部營銷環境總是為場館經營管理提供營銷機會或產生營銷威脅。場館外部營銷環境包括市場、顧客、競爭、勞動力市場、中外經濟、政治、文化及技術等眾多因素。我們應該審視營銷環境，善於發現更多的機會，避免各種挑戰帶給場館的不良後果。

（二）場館客源市場分析

1. 市場細分

場館市場細分是指場館經營者依據選定的標準或因素，將一個錯綜複雜的場館市場劃分成若干個需要和要求大致相同的市場，以便能有效分配有限的資源，展開營銷活動。而瞭解細分市場情況，首先就是要確定會展場館的目標市場，會展場館的目標市場主要是辦展機構、各政府組織和一些特殊的團體。

市場細分的作用在於以下幾點：

（1）有利於發現和利用較好的市場機會。透過市場細分，可以摸清各個不同市場面的需要及其滿足程度。那些滿足程度較差的市場面，往往就是較好的市場機會。

（2）有利於合理使用場館的資源。細分市場可以使場館集中有限的人力、物力、財力，用於一個或少數幾個市場面上。這樣做要比將場館資源平均用於整個市場，更易提高競爭能力和經濟效益。

（3）有利於場館開展有針對性地營銷活動。在不同的細分市場上，客戶對場館的需求和參展行為都不一樣。場館只要有針對性地開展營銷活動，就能取得良好的效果。

2. 市場目標化

場館經營者在市場細分的基礎上，根據場館的資源和目標選擇一個或幾個亞市場作為場館的目標市場，這種營銷活動稱為場館目標營銷或市場目標化。場館在進行市場目標化進程中，常採用以下三種市場目標化策略：

（1）無差異化策略。就是以整個市場中的共同部分為服務對象，不考慮亞市場差異，滿足絕大多數顧客的共性需要。

（2）差異化營銷策略。在市場細分的基礎上，場館選擇多個亞市場作為目標市場，針對各目標市場分別設計和構思不同的營銷組合來滿足不同的目標市場。

（3）集中性營銷策略。就是場館選擇一個或幾個需要和要求相接近的亞市場作為目標，制定出一套有別於競爭對手的營銷組合，集中力量爭取在這些亞市場上占有很大的份額，而不是在整個市場上占有較小的份額。

3. 市場定位

（1）場館市場定位就是根據目標市場的競爭形勢、場館本身條件及顧客的利益，確定場館在目標市場上的競爭地位

定位要突出場館的設施及服務與市場上同類場館之間的差異，確保客戶在租用本場館後能獲得理想的利益要求，樹立企業鮮明的市場形象（包括功能性形象和象徵性形象）。

在進行市場定位時，一般要考慮供給因素（比如展覽面積、服務水平、配套設施）和需求因素（如營業收入、展會規模、展會品牌），在識別自身潛在競爭優勢（硬體、服務、人員、形象）的前提下選擇合適的競爭優勢，從而向場館的客戶（主辦、展商、觀眾、與會人士、承辦商、貴賓、公眾及遊客等）傳播和送達定位資訊（定位、優勢和服務意願）。

①從供給的角度看

展覽面積：面積龐大的展覽會固然是行業的盛會，且一般有比較大的影響力，但如果參展商的參展意圖是讓銷售人員有更多的機會面對面地與潛在客戶接觸，從而使這些用戶作出訂貨決策，那麼場館的面積只要能滿足相關行業的需要就可以了，所以展覽場館在開展營銷活動時不能單一地宣傳展覽面積有多大。

服務水平：在場館營銷中有時候專業化服務水平比場館的面積更為重要。一方面，在可租用展覽面積一定的前提下，優質的配套服務能形成展覽場館的重要競爭力，甚至彌補場館在硬體設施方面存在的缺憾。另一方面，若在對外宣傳中突出專業、完善的服務優勢，能有效吸引展會主辦單位或展覽公司。

配套設施：會展的一大特點是週期短、時間要求嚴。如果沒有良好的配套服務設施，就不能按時完成布展撤展工作，無法保證會展按時周轉。因此

在展館附近應配有齊全的配套基礎設施，如賓館、酒店、商場、健身場所等，為展會和遊客提供方便的同時，也避免了重複建設所帶來的浪費。另外，配套服務設施還包括大型商場、商務辦公大樓等。

②從需求的角度看

營業收入：會展場館確實應該選擇利潤最高的展覽會作為其目標市場，但同時必須綜合分析承接小型展覽會可能會帶來的各種負面效應。此外，還要合理排布展覽會的檔期，透過這些途徑來增加營業收入，追求利潤的最大化。

展會規模：展會的規模對場館經營的綜合收益影響很大，承接大規模的展會能夠帶來可觀的直接收益，故而場館經營者應引入營銷機制爭取更多的大規模展會來本館舉辦，代替小而多的展會，提高企業的整體收益。

展會品牌：和展會規模一樣，展會的品牌直接影響場館的營業收入。高水準、國際性的名牌展會不僅可以帶來可觀的經濟效益，更重要的是能提升場館的知名度，並促進場館服務水平的提高。所以吸引國際性的展會前來舉辦非常重要。

（2）影響目標市場定位的要素

會展場館的市場定位是對目標消費者或目標消費市場的選擇。影響場館市場定位的因素主要有三個，場館所在地市場競爭情況、場館的自身特點、細分市場情況。

①場館所在地市場競爭情況

在進行市場營銷的時候，會展場館要對鄰近省市的場館做詳細的市場調查。透過對它們的客源市場分析、發展優勢與劣勢分析、經營管理成效分析，從宏觀上瞭解自身的優勢與劣勢，為市場定位定下全局的發展觀念。

透過分析周圍場館的競爭態勢，瞭解自身的處境，對本區域周圍的場館的區位、面積、特徵做一個詳細的調查，有利於自身的發展規劃和在此基礎上進行的市場定位。

要對自身的設施和服務進行分析。對場館的整體環境和質量進行嚴格的評價，分析設施設備的情況，分析所處的地理位置和交通的狀況，客觀地評價服務質量和聲譽，考慮設施和服務的水平。

業務狀況和趨勢分析。以過去的、現在的和潛在的市場資料為線索，分析主要客源及其地理分布，分析各種客源所占的業務比例以及帶來的利潤，分析主要業務及其發展趨勢等。

從政治、經濟、社會、文化、技術的角度分析環境變化對場館業務和市場所產生的影響。

競爭分析。會展場館可以透過實地觀察、從社會管理部門和會展行業協會獲取資訊，以分析競爭對手的營銷重點和策略。競爭分析有利於明確場館在市場中的位置，並及時地調整營銷的策略。

②場館自身特點

每個場館的情況都是不盡相同的，場館必須明確認識自身的優缺點，在差異性上尋找突破口，明確市場定位目標。

場館自身情況分析主要包括場館容量及可供展覽面積、配套設施、智慧化水平、周邊環境等。差異性包括服務差異、人員差異、形象差異、品牌差異。必須認識到，並不是所有的差異都能使場館獲得競爭優勢，有些差異可能不適合場館的宗旨和目標；有些差異可能只帶來微弱的優勢，且需要支付很高的開始成本；還有些差異可能不被客戶認同。

③細分市場情況

（這一部分在前面已經介紹，這裡不再敘述）

（3）目標市場定位的三要素

①樹立本企業的鮮明形象，包括功能性形象和象徵性形象，前者指為會議或展會提供服務的實際功能形象；後者指場館的抽象化形象，如文化內涵形象、高水準的形象等。

②突出本場館的設施及服務與市場上同類場館之間的差異，這種差異是形成本場館特色的前提條件。

③確保客戶在租用本企業的場地後能獲得理想的利益，這是促成展會主辦單位或展覽公司發生購買行為的決定性因素，也是有效市場定位的關鍵。

（4）目標市場定位三步驟

①識別自身的潛在競爭優勢

硬體──透過設計參數的處理，使自身在容量、配套設施、職能水平、周邊環境等屬性上不同於其他場館，從而為展會主辦者提供競爭對手所沒有的選擇性特徵。一般來說，展覽面積、配套設施、場館所在地及交通條件都會對目標市場產生影響。

服務──提供優質完善的服務是提升場館競爭力的有效途徑。場館若能提供更優質、更積極、更完善的展品運輸、搭建展臺、住所接待、會議安排、旅行諮詢等與會議和展覽有關的服務，就能使自己明顯區別於競爭對手。會展場館的服務是一種無形產品，要求場館服務人員必須樹立質量意識。

人員──人員是展覽場館最基本的資源。高素質的員工能夠支持場館取得更強的競爭力，因此，場館在開展營銷活動中，必須突出自身擁有專業水平高的工作團隊，能為展會組織者、參展商以及與會人員提供便捷、高效的服務。

形象──品牌形象是企業在資訊時代、情感時代最重要的資源。若不同場館的其他因素看起來很相似，展覽公司便會根據其自身對各場館形象的認知來選擇場館。因此，場館必須製造和宣傳有個性、有影響的企業形象，即透過形象差別來進行市場定位。

②選擇合適的競爭優勢

場館在發現了自身有許多的競爭優勢之後，必須選擇其中最有價值或意義的，並發揚光大。場館要確定是建立一種還是若干種競爭優勢。一般場館

應該選準一個特點，並使這個特點成為本行業中的第一。如果特點因素較多則能吸引較多的細分市場，但這容易使市場定位變得模糊。

③傳播和送達定位資訊

會展場館在確定了自己的市場定位後，還必須把這種定位資訊傳達給目標市場，也就是要透過營銷努力表明自身的定位、優勢和服務意願，以引起客戶的注意和興趣。

以蘇州國際博覽中心為例，它為自己以後的市場定位是以機械、新產品和通訊技術等工業展覽為主，以消費品展、文化旅遊類展覽會和其他相關的展覽會為輔。正是因為就自身的硬體條件，所處的地域條件和所在城市——蘇州的城市品牌影響作了一個正確的分析，為自己進行了準確的市場定位，目前蘇州博覽中心已成功地承接大型展覽近 30 個，成為了長三角地區著名的會展場館。

三、場館市場營銷組合

（一）場館產品組合

1. 場館產品的概念

產品是指能提供給市場的任何能滿足人類某種需要或慾望的東西。在這裡，我們可以將會展場館看成是一個整體產品。在買方市場的條件下，顧客願意購買的正是產品的整體。場館的整體產品是指滿足顧客市場需要的軟、硬體，場館的品牌形象以及服務等。產品只是一個載體，場館真正銷售的是顧客的需要、滿足和利益。

2. 場館產品的體系

（1）第一層次——核心產品，指顧客真正購買的服務或利益。對於場館來說，顧客要購買的核心產品就是參展。

（2）第二層次——一般產品，包括質量水平、特色、式樣和包裝等特徵的產品的基本形式。相對於第一層次，場館的一般產品就是指核心產品——參展藉以實現的形式。包括：參展區、停車場等。

（3）第三層次——期望產品，指購買者購買產品時通常希望默認的一組屬性和條件。參展商在參展的同時希望享受到寬敞的場地、齊全的設備等，而觀眾們則希望能有清潔的展區、不擁擠的過道、有序的現場秩序等。

（4）第四層次——延伸產品，指提供給顧客的額外服務和利益，以使自己的產品與競爭者的產品相區別。在獲得了前面三個層次的產品之後，參展商或主辦方希望獲得差異化的服務和驚喜，這時會展場館可以增加它的服務產品，包括快速的登機手續、良好的現場服務和參展商達到場館之前就已布置好的印有公司名稱和 LOGO 的展位等。

（5）第五層次——潛在產品，指產品最終可能會實現的全部附加利益和可能的演變。場館應該多開發這類產品，如建立參展商檔案、展後的感謝信以及定期的慰問函等，這樣做不僅增加了參展商的滿意度，還添加了他們的愉悅，可以吸引參展商再次前來。

將以上 5 個層次結合起來，就是場館的「產品」的整體概念，它包括有形的與無形的、物質的與非物質的、核心的與附加的等多方面的內容，它不僅給予參展商和觀眾生理上、物質上的滿足，而且給他們帶來了心理上、精神上的滿足。

（二）場館價格組合

1. 影響定價的因素

定價時首先要弄清影響價格的因素。影響定價的因素很多，但主要有以下五個：

（1）場館成本。這是最主要的因素。在成本的基礎上加上稅金和利潤就是場館價格。具體的計算公式有：場館價格＝場館成本 ×（1＋利潤率）／（1－稅率）。當場館定價時，成本按場館的全部成本（即人工成本、材料成本和管理費用之和）計算。

（2）市場需求。對市場需求超過市場供給時，場館定價可以稍高些；反之，價格可以定得稍低些。

（3）競爭者價格。定價時也要考慮到競爭者的價格。有三種處理辦法，即等於、高於和低於競爭者價格。把價格定得等於競爭者價格，可以使場館易於進入市場。如果把價格定得高於競爭者價格，就得具備一定的條件，如場館本身的聲譽很高、場館質量較競爭者好、場館有獨特之處、場館能為客戶提供較好的服務。把價格定得低於競爭者的價格，需要慎重。因為這容易在本場館與競爭者之間引起一場價格競爭。降價雖可增加銷售量，但競爭者也可採取同樣辦法，這樣互相降價，結果對雙方都不利。當然，價格要略低一點，競爭者可能不加注意。但當價格低得較多而影響到競爭者銷售時，對方就必然會作出反應了。

（4）市場價格。在市場經濟條件下，場館定價的直接依據是市場價格。場館一般要以市場價格為中線來確定其場館價格高於或低於市場價格的幅度，並隨著市場價格的波動作出相應的調整。在多數情況下，場館不管其成本的高低，都得按市場價格銷售。因為，如售價高於市場價格，會影響銷路；如低於市場價格，則會引起場館之間的降價競爭。這都對場館不利。當場館具有特色或是擁有質量較高的品牌產品時，場館也可把價格定得高於市場價格，表明它與同類場館的區別。當場館的質量較次或有已被淘汰的產品時，場館也可把價格定得低於市場價格。

（5）國家的宏觀經濟政策。經過改革，國家不再參與多數商品的價格制定，但仍可透過宏觀經濟政策和稅收、信貸等經濟槓桿來影響價格的形成和變化。因此，場館定價時還要考慮國家有關政策的影響。

2. 定價策略

場館可以遵循價值規律，根據銷售淡旺季、不同的參展商等制定不同的價格，使產品價格能夠補償投資成本和市場營銷的所有支出以及場館的修整費用，並且在盈利的基礎上，靈活、適時地運用定價策略和技巧，制定或調整場館的銷售價格，配合其他銷售手段，實現「營銷」場館的目標。定價策略有：

（1）需求因素。由於客戶在需求中存在著某種差異，可使價格有所不同。考慮需求差異的定價策略叫差別定價策略，有以下四種情況：

①不同客戶。同一產品或服務，對不同客戶可定出不同價格。

②不同產品形式。對產品的不同形式或樣式，可定出不同的價格，而且價格差異部分不一定與產品成本成比例。

③不同地點。即使提供給各個地點的產品或服務的成本是一樣的，對不同的地點仍可定出不同的價格。

④不同時間。同樣的產品或服務，在不同季節、不同日期甚至不同鐘點，也可定出不同的價格。

（2）心理定價策略。這是針對客戶的消費心理而採用的定價策略，包括尾數定價策略，招徠定價策略和聲望定價策略。

尾數定價策略，是依據消費者有零數價格比整數價格便宜的消費心理而採用的一種定價策略。如把價格由原來的 3.0～4.0 元／日／平方公尺降至 2.90～3.90 元／日／平方公尺，乘以天數和展位面積後比之原來似乎價格下調了不少，但這對於場館整體收益區來說並不算大，卻可能就因為這 0.1 元／日／平方公尺的差價而為場館招來大量的顧客（此方案適用的目標對象為中小型參展商）。

招徠定價策略，是一種利用參展商求廉的心理，將場館的價格在某一特定時間之內降低以吸引和招攬參展商的一種策略（此方案適用於營銷淡季的目標市場定位）。

聲望定價策略，是一種利用會展場館的聲響對其定價的策略（此方案適用於在銷售旺季參展的一批具有雄厚背景和資金實力的大型公司）。這時的場館已經打響了自己的品牌，在此基礎上制定出一個相應較高的價格以突顯自己的等級水準，同時也是對自己的服務、場地等軟、硬體設施的肯定，以高檔服務、高檔品牌、高檔設施為口號調整出相應的價格以吸引具有一定條件的參展商。

（3）折扣與折讓策略。在某些情況下，場館可以臨時性降價，以促進銷售。

數量折扣，是一種為了鼓勵參展商多買而給予的價格優惠。當參展商前來的次數達到了一個標準數額，場館可以允諾適當下調價格，作為激勵。

交易折扣，按消費渠道中各個中間商的不同作用給予折扣。對於那些幫助宣傳、幫助做形象策劃的企業，可以根據他們的成果給予折扣獎勵，以刺激該企業為場館好好服務、盡心策劃，而這些企業也能利用此次折扣的機會擺位參展，以加強宣傳自己的品牌。這樣做互惠互利，既宣傳了策劃公司的品牌及企業的形象，又為場館帶來了一批專業觀眾，同時還增加了銷售額。

季節折扣，是為了消除季節性影響而提供的一種價格優惠，在銷售淡季中適當地下調些價格，類似於招徠定價策略。

除了交易折扣策略外，數量和季節策略都是將目標對象定在中小型參展商和銷售淡季。在不同的銷售季節、面對不同的主辦方的情況下須制定不同的營銷策略，這樣才能更好地提高場館的品牌形象，完成營銷的目的。

（三）場館銷售渠道的選擇

場館銷售渠道的選擇，須綜合考慮以下幾個方面因素：

1. 市場特點

要綜合考慮市場容量、購買頻率、各細分市場的地理分布、人口分布以及不同市場對不同的營銷方式的反應。這些市場特點影響著場館銷售渠道模式的選擇。

2. 場館產品與服務的特點

場館的產品與服務是場館區別於其他場館的顯著標誌，對不同的產品與服務要採取不同的銷售渠道，這樣才會更加凸顯場館的獨特性。

3. 場館自身條件與經營意圖

場館的規模決定了它的最大接待能力，而它所接待的顧客規模及層面分布又影響了它的渠道選擇。

場館的財力也決定了對營銷渠道的選擇與控制。力量單薄的場館更多地依賴宣傳推廣為其帶來客源，減少營銷活動的開支。

場館銷售渠道的選擇不能有悖於場館的總體經營意圖。場館的營銷渠道是為場館經營服務的，如果背離了這一首要目標，就會產生相反的效果。

第二節 會展場館客戶關係管理

一、場館客戶關係管理的基本內容

（一）場館客戶關係管理的含義

場館客戶關係管理是場館透過交流溝通，理解並影響客戶行為，最終實現提高客戶獲得、客戶保留、客戶忠誠和客戶創利的目的。場館透過收集客戶資訊，在分析客戶需求和行為偏好的基礎上積累和共享客戶知識，並有針對性地對不同客戶提供個性化的場館專業服務，以此來培養客戶對場館的忠誠度和實現場館與客戶的合作共贏共榮。

場館客戶關係管理透過向場館的銷售、市場和對客戶服務的專業人員提供全面、個性化的客戶資料，並強化跟蹤服務、資訊收集與分析的能力，建立和維護與客戶之間「一對一的關係」，為客戶提供更快捷、周到的優質服務，提高客戶滿意度、吸引和保持更多的客戶，從而增加營業額，並透過資訊共享和優化商業流程降低場館經營成本。

客戶關係管理的核心思想是將場館的客戶作為最重要的場館資源，透過完善的客戶服務和深入的客戶分析來滿足客戶的需求。

（二）場館客戶關係管理的必要性

1. 客戶關係管理是場館自身特點的需要

場館舉辦展覽或會議所面對的客戶群體非常大，服務對象數目龐大。在場館的客戶群體中，具有不同的目標，所期望得到的服務也不一樣。如果場館不能瞭解每一個客戶的特點和需求，就很難對客戶提供個性化的服務。場館的這些特點使場館客戶關係管理日益為場館所重視。

2. 客戶關係管理是適應場館日益激烈競爭的需要

為了在場館激烈競爭中生存和獲取優勢，場館必須進行有效的客戶關係管理。

3. 客戶接觸和服務日益複雜化的需要

場館的客戶群體大而且複雜，場館與客戶面對面接觸的機會很多。面對眾多需求各不相同的客戶，場館與客戶的接觸以及提供的服務日益複雜化。接觸和服務的複雜化使場館必須創新客戶管理辦法，讓場館工作人員有效分享場館的客戶資訊和資源，準確把握每一個客戶的需求，為客戶提供個性化的服務。

（三）場館客戶關係管理的目標和作用

1. 目標

（1）對場館來說，客戶關係管理可以為場館贏取新客戶、贏取返流客戶和識別出新的關係細分群體，從而增加場館擁有的客戶數量；可以透過培育客戶對場館的忠誠度、挽留和發展有價值的客戶以及減少客戶流失，發展與客戶的長期合作關係，為場館贏得更多的長期穩定客戶；還可以透過有針對性的個性化服務來提高現有客戶的購買數量，擴大場館的銷售和增加觀眾數量。

（2）對客戶來說，場館的各種個性化服務手段可以滿足自己的特殊需求，增加自己的參展或參觀效果，實現自己貿易成交、收集資訊、產品發布和產品展示等具體目標。

2. 作用

（1）降低獲取客戶的成本。場館客戶關係管理透過有針對性的個性化服務，能夠很好地挽留老客戶，從而降低場館獲取客戶的成本；在開發新客戶時，場館透過客戶關係管理可以識別有價值的客戶，減少新客戶開發的盲目性，節省不必要的開支。

（2）提高銷售和服務功能。場館客戶關係管理是一種以客戶為中心的營銷策略，它在資訊技術支持下，透過分析不同客戶的不同需求來提供個性化的應對措施，制定有針對性的營銷計劃，對不同客戶提供符合其需求的個性化服務，極大地提高了場館的銷售能力，提高了場館的服務質量和服務水平。

（3）增加客戶價值，提高客戶滿意度。場館透過分析不同客戶的特殊需求，採取積極的應對措施，最大限度地滿足客戶的各種需求，幫助他們實現參展參觀目標。客戶的價值因此而增加，對場館的滿意度也因此而提高，客戶與場館的長期合作關係因此也變得更加牢固。

二、場館客戶的範圍

在進行場館客戶關係管理之前，首先應該明確場館客戶的含義，即場館客戶的範圍。如果對場館客戶的範圍沒有全新的認識，所制定的場館客戶管理必然是不科學、不全面和不完整的。

會展場館的客戶包括：主辦方、展覽公司、參展商、觀眾、與會人士、承辦商、貴賓、公眾及遊客等。

從總體上說，會展場館的一切服務必須滿足組展商、參展商及參觀人員對展會的不同需要。根據展會的類別，同時考慮展會的各項要素，場館的客戶主要如下：

（一）組展商

一般來說，業界把展會的組織者稱為組展商。對場館來說，組展商是他們的客戶。組展商包括政府相關部門、展覽公司和行業協會等。隨著政府職能的轉變，目前政府的主要職能是經濟運行制度創新，並透過法律、法規、產業政策等方式，調控宏觀經濟運行，引導並約束微觀企業的行為，為企業公平競爭制定行之有效的遊戲規則。但就現實情況而言，各類型展會都必須透過政府相關管理部門的批准，且展覽業中的政府展、公益展等占有相當大的比重。因而政府相關部門、管理職能部門仍是會展企業的主要客戶。

展覽會的組織者也就是組展商是場館經營的最直接客戶,組展商是連接場館和參展商及各類資源的重要紐帶。只有透過組展商與各方面的溝通合作,才能保證展會的正常進行。

(二) 參展商

參展商是組展商最直接、最重要的客戶。組展商整合種種資源,目的就是希望參展商在展會上能夠贏得利益,或是達到直接的銷售額,或是達成商務貿易洽談、尋找到新的合作夥伴,或是推廣出新產品,等等。只有參展商滿意了,展會才能不斷擴大,組展商才能再次進行招展,場館的經營才能得以延續,整個展覽業才能進入良性發展循環的快車道。

參展商包括現有的參展商和潛在的目標參展商。現有的參展商是已經參加了展會的參展商,潛在的目標參展商是因種種原因目前還沒有參加展會,但展會認為他們將來有可能參加展會的那些目標客戶。

(三) 參觀者

參觀者可以劃分為專業觀眾和公眾兩類。專業觀眾是參展商的潛在客戶,他們觀展帶有一定的商務目的。而公眾則主要是最終消費者,他們中的大部分人來展覽會只是為了觀看。展覽會的性質雖由展覽會組織者決定,但可以透過參觀者的成分反映出來。參觀者是參展商的衣食父母,從另一角度來說,他們是展會的一類潛在客戶。如果缺少了參觀者,展會也就沒有存在的意義。

(四) 場館服務商

場館的服務商主要包括工程的承辦商、指定的場館清潔、指定的運輸代理、指定的旅遊代理、指定的接待酒店和指定的保安機構等。在場館客戶群體裡,場館服務商是特殊的客戶。場館服務商是為場館服務的,也是場館客戶的重要組成部分。

三、客戶管理策略

場館進行客戶關係管理的過程，實際上就是場館與客戶建立關係並引導關係健康發展的過程。對於這一過程的策略實施，可以分為以下五個步驟來順次推進。

（一）客戶細分

客戶細分指場館把所有客戶劃分為若干個客戶群，同屬一個細分群的客戶彼此相似，而隸屬於不同細分群的客戶被視為是不同的客戶。客戶細分是場館進行客戶關係管理的前提條件。不對客戶進行細分，場館很難、甚至根本不可能成功進行客戶關係管理。一般來說，根據客戶對場館的價值可以把客戶劃分為四類：第一類是對場館市場戰略具有重大影響、價值巨大的客戶，這類客戶可稱為場館的戰略客戶；第二類是場館的主要盈利客戶，這類客戶是場館的主要客戶；第三類是對場館價值不大，但為數眾多的客戶，這類客戶是場館的交易客戶；第四類是有可能讓場館蒙受損失的客戶，這類客戶是場館的風險客戶。

（二）關係發展策略

在客戶細分的基礎上，場館應為不同的客戶制定相應的關係發展策略。對於戰略客戶，由於該類客戶對場館的長期發展具有重大影響，宜與其建立長期、密切的客戶聯盟型關係；對於主要客戶，由於他們是場館利潤的主要來源，應與其建立長期、穩定的學習型關係；對於交易客戶，由於其人數眾多，對場館的價值較小，應與其維持原先的交易型關係；而對於風險客戶，場館應謹慎地為他們提供服務，時刻準備及時終止與他們的關係。

（三）資源分配策略

場館應為不同的客戶關係匹配相應的場館資源。對於與戰略客戶的聯盟型關係，場館應投入足夠的資源，致力於長期的密切合作，提升場館的市場戰略；對於與主要客戶之間的學習型關係，場館應為長期的互利發展投入較多的資源；對於交易型關係，場館不應為其投入過多的資源；對於風險型客戶，場館應慎重投入。

（四）促進客戶關係健康發展

客戶關係的健康發展，一是要維繫現已建立的與價值客戶（戰略客戶和主要客戶）之間的良好的知識交換關係，另一方面要促進客戶關係的提升發展，使交易客戶向主要客戶轉變，主要客戶向戰略客戶轉變，從而實現場館盈利最大化的目的。

（五）進一步瞭解客戶的需要

會展場館必須瞭解客戶的需要。會展參加者會從各個細節方面考慮場館是否符合他們的要求，而作為場館經營管理方，只有瞭解他們的需求才能制定合適的營銷策略。瞭解客戶的需要是一個企業所必需的，場館經營也不例外。瞭解不同參展群體的需要，不僅有助於改善自身的場館條件，更重要的是，在目前營銷時可以有針對性，包括選擇目標群體的針對性和營銷的針對性。

第三節 會展場館場地營銷

會展場館出租場地，靠賣展位來賺錢，這是展館主營業務。靠出租場地盈利的關鍵在於始終保持高出租率，提高場地利用率。如果能做到這一點，無疑是展館最有效，最省心的生財之道。

進行場地營銷時，參展商對於選擇、使用場館場地需要考慮的直接問題有場地的面積、位置、形狀和服務；間接問題有形式、區域和人流。因此，場地的具體安排關係著場地的營銷。

一、展出面積

場地面積可能是參展商首先需要考慮的問題。決定場地展出面積受多方面的影響，最主要的因素是需要和條件。需要指的是，參展商參展目標的需要，條件之一是參展商的預算。

（一）展出性質

　　在場地營銷時必須要分清楚此次展覽會的性質，參展商參展的目的是什麼。如果是以宣傳為主的展出，場地面積需要大一些，大面積容易吸引參觀者的注意，並給設計師足夠的發揮餘地，創造特殊的展示效果，給人留下深刻印象。而以貿易為主或以維持現有客戶關係為目標的展出，對場地面積的需要則可以小一些。在進行場地營銷之前，分析展出性質，場館就可以節省人力和物力。

　　（二）產品

　　進行場地營銷前，綜合考慮展覽產品的情況，也會收到事半功倍的效果。不同的展覽產品需要使用不同的面積，有些產品可以掛在牆上，占用面積可小一些；有些展品可以放在展架裡；還有的只能放在地面上，比如機械、設備、家具等，那麼占用的場地面積就要大一些。

　　（三）展示方式

　　參展商的展示方式同樣也會影響場地營銷。展示圖片占用的面積小一些；展示實物、模型，尤其是需要在四周留出面積給觀眾觀看的展品，占用面積要大一些；道具本身要占用一定面積，需要考慮相適應的場地面積。

二、場地形式

　　場館場地的形式有多種分類方式，從建築角度看，有室內場地和室外場地之分；從展臺角度看，有淨場地和標準展臺，單純展臺與集體展臺以及封閉展臺與敞開展臺之分；從設計角度看，有規則與不規則之分。場地的形式也是在進行營銷時需要考慮的因素。

　　（一）室內場地和室外場地

　　一般將場館內的場地稱為室內場地，將露天的場地稱為室外場地。展覽會主要是在室內場地舉行，絕大部分產品也需要在室內展示。露天使用的產品，以及其他超高、超大、超重的產品常放在室外展出。但是室外場地的費用標準要比室內標準要低很多。通常很多工業展覽會同時在室內和室外展出，有些展覽會大部分甚至全部在室外展出，比如航空展、工程機械展等。在室

外展示更能顯示產品的特性。場館因為大門尺寸、淨空高度、地面負荷等因素有時會限制一些產品不能在室內展示，而必須得在室外展出。

（二）淨場地和標準展臺

場地租用形式可分為提供標準展臺的場地和沒有任何展架的淨場地兩類。

淨場地是在場地內劃出的一塊空地，沒有任何展架展具，展出者需要自建展臺。租用淨場地使展出者有更大的控制餘地，可以按自己的意圖，自由發揮創造力和想像力設計、搭建展臺，使展臺有個性、有特點。獨特的、優美的展臺有利於創造氣氛、展示展出者的形象，並可以適應展出者的工作需要。

標準展臺比較經濟，成本效益較好。標準展臺是場地統一設計的，使用標準展架搭建，配備基本展覽道具的展臺。標準展臺的面積有 9 平方公尺、12 平方公尺、15 平方公尺、20 平方公尺，最小的是 4 平方公尺。租數個標準展臺並成為一個展臺一般沒有問題。

最基本的標準展臺是包括三面展板、楣板（展臺正面上方的橫條板，用以標明展出者名稱、展臺號等）、地毯、洽談桌椅、電源和常規照明等。標準展臺簡便、經濟、節省精力、節省時間、節省費用。

（三）單獨展臺和集體展臺

有的公司會單獨占據一塊場地展出，稱為單獨展臺。兩家以上公司共同占據一塊場地展出展覽稱為集體展臺，規模大的集體展臺也稱作展館。集體展臺需要協調好整體和個體的關係。集體展臺的場地安排形式有多種，有分散型，有集中型。

三、展覽場地的區域劃分

場館場地除了展示區域、還可以分出其他的功能區域，對場地按照功能統一設計安排也是十分重要的。

（一）展示區域

展示區域就是展品、模型和說明占用的區域，包括場地、展館、牆面。

（二）公關區域

參觀者觀看展品，展臺人員介紹展品、解答問題需要一定的空間，這種空間稱作公關區域或公共區域（展臺內的公共區域）。

（三）登記與諮詢區域

登記參觀者情況、接待參觀者詢問是展臺的基本和主要功能之一。

（四）招待和洽談區域

在貿易展覽會上，展出者需要在展出期間接待客戶、洽談生意，因此在展示區域中還有洽談和接待區。

（五）辦公區域

大公司和集體展出一般需要考慮安排辦公區，包括辦公室和會議室等，並配備相應的辦公設備。辦公室也可能是展出者接待展覽會組織人員辦事、接待新聞記者採訪的場所，因此，在注意實用的同時，也要注意等級。

（六）儲存區域

場地還需要考慮安排適當的儲存空間，以放置資料、接待品、展品、工具，掛置衣服，放置公文包及其他個人用品。如果是大展臺可以安排一個儲存間，如果是小展臺可以安排一個矮櫃，裡面用於儲存東西，上面用於放置展品。

（七）休息區域

如果有條件，可以考慮安排展臺人員休息、飲食的區域，多為封閉式的房間。

我們必須認識到：場館並不能創造市場；展覽場館的目標市場並不僅僅是展覽公司或其他主辦單位；場館最關鍵的並不是可展出面積；場館必須提高利用率。

場地營銷的實例

寧波國際會展中心場地營銷

場館營銷的定位：寧波國際會展中心立足於長三角，利用寧波的經濟優勢和區位優勢開展銷售服務。一是為本地的展覽會服務，如浙江省投資貿易洽談會，寧波服裝博覽會等；二是發展與寧波產業優勢相吻合的展會，如寧波模具展、科技五金展覽會，機電、塑料原料等方面的展覽會等；三是結合大上海，融入長三角洲，發揮寧波展覽公司規模小、機制靈活的長處。

場館營銷的手段（活動）：在「SARS」時期，寧波國際會展中心基本上是一月一動作。舉辦培訓班對員工進行培訓，舉辦會議進行業內的交流；2003 年 7 月，在寧波國際會展中心舉辦「長江三角洲會展經濟高峰論壇」，討論整個長三角地區的會展發展規劃。此外，還與北京、上海、溫州、杭州、台州、義烏等地加強了聯繫。

場館促銷手段：寧波會展產業不夠發達，正處在市場培育的階段，雖然2003 年 5 ～ 8 月寧波有 20 多個會展項目取消或者延期，但相對上海、北京等城市來說，「SARS」對寧波會展業影響不大。作為會展產業鏈的末端，寧波國際會展中心正在積極地推出各項措施，比如「免費講解辦展政策」等，表明場館的姿態。最近他們還要與展覽公司和一些大型展會的主辦單位加強聯繫，開展一系列的招標活動，培育自己的展會市場。

第四節 會展場館自辦展營銷

一、場館開展自辦展的原因

由於有展覽淡季，因此淡季時段的場館很難租出。這就必須依靠場館自己主辦展覽，也就是自辦展，來彌補淡季業務的不足，提高淡季的出租率和利用率。展會主辦是展館淡季的主要業務及收入來源。其次，自辦展還可以穿插在場館場地出租的時間空檔，填補此時間段的空白。另外，較為固定的品牌自辦展，還有利於提升場館的形象，擴大其知名度和美譽度，反過來又

有利於場館在旺季出租率的提高。比如上海國際展覽中心有限公司舉辦的「中國（上海）國際樂器展覽會」。

二、場館自辦展角色的轉換

（一）會展場館在一般展覽的角色

會展場館是展示傳播資訊的媒介物。展覽項目策劃成功後，如果不透過一定的方式集中向消費者展現其中的成果，展覽的意義也就不存在了。在展覽系統中，展覽的生命在於展現和傳播，媒體與展覽組織者（主辦單位）、市場和觀眾（消費者）發生密切的關係。展覽組織者是指專營展覽業務的機構和部門，即展覽公司和一些行業協會。參展廠商與場館的聯繫統統由展覽組織者來實現。在展覽系統中，場館的主要功能就是透過提供媒介及形象展示，傳播資訊。這是因為，展覽場地是展覽的舉辦地點，它只能決定展覽在什麼時候舉行，提供最基本的服務而一般不參與展覽會的組織與運作。

（二）自辦展場館角色的轉換

在自辦展中，會展場館扮演著展覽組織者的角色。會展場館與特定的參展商發生業務關係，有特定的服務對象，它創造出以服務為內容的產品——展覽會，即提供展示環境和資訊。在自辦展中，會展場館在展覽活動中的作用使它成為系統的主體。在自辦展的展覽系統中，會展場館處於核心和支配地位，它不但決定展覽的性質、特點和形式，而且決定展覽的最終效果。所以，在自辦展中，會展場館的狀況決定展覽系統狀況。

三、自辦展營銷

自辦展的過程與一般的展覽會組織過程一樣，經歷了展覽會調研、展覽會立項、展覽會設計、展覽會銷售、展覽會改進等過程。

自辦展營銷的渠道有直接渠道和間接渠道兩種。銷售的直接渠道是指辦展機構透過郵寄銷售和電話銷售及對重要客戶的上門銷售，將資訊傳遞給潛在的參展商，從而達到銷售展臺的目的。使用直接銷售渠道的前提，是建立

一個完整和有效的客戶資料庫。間接渠道是指透過中間商來向企業銷售展位，一般是各地區的代理。主辦單位以支付佣金方式與代理商之間建立聯繫。

（一）自辦展營銷的直接銷售手段

自辦展營銷進行直接銷售時，在場館還不能確定哪些是自己潛在客戶的條件下，往往採用多種銷售形式，假定所有的營銷對象都是自己的潛在客戶，但是這種方式費用往往很高，且收效甚微。在這個基礎上，場館可以建立自己的資料庫，並對這些客戶進行有目的的營銷活動，鎖定自己的目標客戶；還可以利用互聯網技術，建立自己的網站，與客戶進行交互式的問答。之後，場館在瞭解了參展商的需求的基礎上，設計出針對他們需求的產品，有目的地對他們展開營銷活動。

場館可以採用的直接營銷方式主要有：

1. 面對面營銷

對於比較重要的客戶，場館可以採用直接上門的方式來接觸客戶。銷售人員一般會提前聯繫參加展覽的公司的負責人，約定時間和地點見面。銷售人員一定要著裝得體、說話謙遜，簡明介紹自辦展的特點、優點和規模等相關資訊，並且說服企業參展。

2. 直接郵寄

場館在進行自辦展時，必須將展覽會的相關資訊用郵件寄給它的目標參展商。郵件可以分為平信、掛號信、特快專遞等。針對不同的客戶可以選擇不同的郵寄方式。場館事前必須掌握目標客戶的詳細資料，包括地址、負責人、參展歷史等，並建立一個完整的客戶資料庫，透過資料庫的記載，有目標地將展覽資訊寄給客戶。

3. 電話銷售

電話銷售是場館的銷售人員用電話直接和潛在客戶進行聯繫的一種方式，它對銷售人員的溝通技巧尤其是傾聽能力要求很高。銷售人員在進行電話銷售時必須問話切題、態度謙虛，將展覽會的資訊有效地傳遞給目標客戶，

同時儘量說明展覽會的優點，吸引客戶參展。作為一種營銷手段，電話銷售可以使辦展機構在一定的時間內，快速地將資訊傳遞給目標客戶，有效地搶占市場。

4. 網上銷售

場館還可以將自己的辦展資訊發布到自己的網站上，網上的資料必須隨時更新，客戶可以透過訪問網站獲得自己想要的資訊。場館還可以拓寬網上服務的功能，提供網上匯款、網上答問、網上預訂展位等服務。場館必須要保證網上的基本資訊的全面和及時，對網站進行優化設計。

（二）間接銷售渠道

指定展會招展代理是場館借用外部力量來做大做活的一種有效手段。可以增加招展單位的業務網絡，擴大業務規模，提高經濟效益。指定展會招展代理，要盡可能地保證代理商的資質可靠。

1. 招展代理的種類及其來源

根據展覽項目的需要，展會的招展代理有以下四種形式：

（1）獨家代理。在某一時期內將某一地區的招展權賦予某一家代理商獨家負責。

（2）排他代理。賦予代理商在某一地區一定時間內的招展權，在該地域內不再有其他的代理商為本項目招展，但本招展單位可在該地區招展。

（3）一般代理。在同一地區同時委託幾個代理商作為本招展單位的招展代理，本單位也可在該地區招展，但須明確各代理單位的招展權限。採用此種方式時，代理條件必須統一、明確。

（4）承包代理。代理商承包一定數量的展位，不論能否完成約定的展位數量，代理商都得按商定的層位費付給本單位。

公司、相關協會和商會、有關媒體、個人、外國駐華商務處、貿易代表處和公司等都可能成為招展代理。為保證代理的資質可靠，我們在指定某一

機構為代理前必須對其進行資質考察，只有符合條件的才能被正式確定為代理。

公司：要考察其過去的代理業績、其所熟悉的行業和業務範圍、業務覆蓋地域、營業執照（包括發證單位和有效期等）、人員數量、業務規模，辦公地點、負責人等。

協會和商會：要考察其成立的時間、覆蓋的地域、會員數量、對行業內企業的感召力以及批准成立的單位等。

媒體：要考察其發行量的大小、發行覆蓋的地域、在行業內的權威性、對行業內企業的感召力和影響力等。

個人：要考察其可靠性和信譽度，而且要著重考察並核實其身分、履歷經歷、業務能力和道德品質等。

國外代理：要考察其業績、公司註冊證件、個人有效證件、實力等。必要時可透過中國駐外商務處、貿易代表處和公司協助瞭解。

2. 代理的聘用及代理期限

聘用代理的程序一般如下進行：

（1）取得必要的證明資料。對代理商進行資質驗證，確定代理商的資質可靠。

（2）展會項目經理或業務員初步與代理商議定代理條件，項目總監或經理審查代理條件。

（3）公司負責人（總經理或副總經理）批准代理條件，簽訂代理合約。

代理的期限，就是代理商代理招展權限的長短。對於不同的展會、不同的代理形式應制定不同的代理期限，對於獨家代理與排他代理，剛開始時不應將期限定得過長，可先試用一屆（年），再視其業績如何來確定時間的長短。對於一般代理，代理期限一般是一屆（年），期滿後視情況再決定是否繼續或向獨家代理與排他代理轉變。對於承包代理，代理期限一般是一屆

（年），期滿後視情況再決定是否繼續聘用。對於那些業績穩定、信譽良好的代理商，可與其建立較長期的代理關係。

3. 代理商的權利與責任

（1）代理商的權利。按合約規定收取佣金；從辦展機構獲取招展必需的完整資料；按合約享受辦展機構對展會及代理商的宣傳推廣支持；在規定的時間內預訂的展位能得到保證。

（2）代理商的責任。按合約規定的代理形式和條件切實履行職責，依法經營；有責任對所代理的展覽項目進行宣傳推廣；定期向辦展機構有關負責人匯報情況；對辦展機構劃定的展位不得有異議；維護辦展機構和展會的聲譽和形象；按辦展機構規定的價格（或價格範圍）招展；按時收取和繳納參展款（含定金）；不得對辦展機構制定的參展條件作私自改動；必須協助辦展機構做好參展商的服務工作。

4. 代理佣金

支付給代理商的佣金要根據代理的形式、代理期限的長短、代理商的業績水平等來綜合確定。

獨家代理、排他代理和一般代理的代理佣金，一般按辦展機構實際收到的、由該代理商招來的參展商所交的參展費總額的 15% ～ 20% 的比例提取；承包代理的佣金一般要高一些，為 25% 或更高。承包代理一般只有在完成承包展位數量後才可提取佣金。為鼓勵代理商的招展積極性，給代理商的佣金可以採取累進折扣制，即按招展的不同數量給予對應的佣金比例。佣金比例可按該項代理佣金的比例上下浮動 5% ～ 10% 計算。

代理佣金支付的時間和方法，可根據具體情況分別採取以下辦法：

（1）定期結算、定期支付：按季度或月度結付。提取佣金的基數以實際進入辦展機構帳戶的層位費為準。

（2）逐筆結算、彙總支付：代理商每促成一筆交易，辦展機構收到由該代理商招來的參展商的參展費後即與之結算，但到規定的時間才支付。

（3）逐筆結算、逐筆支付：代理商每促成一筆交易，辦展機構收到由該代理商招來的參展商的參展費後即與之結算並支付本筆交易的佣金。另外，無論採取何種結算支付形式，都必須規定由此引起的營業稅和個人所得稅扣繳辦法。

5. 代理商的管理

可以由展會的項目負責人負責對該展會招展代理的聯絡和管理，要管理好各代理商，就必須要做好以下幾點：

（1）堅持定期書面報告制度。

（2）招展價格的控制。代理商對外招展的價格折扣應嚴格按照代理合約所規定的價格折扣操作。辦展機構給予代理商的佣金和准許代理商給予參展商的折扣要分開，給予參展商的折扣由辦展機構決定，代理商無權給予，以免引起招展價格的混亂。

（3）收款與展位劃定。所有參展商展位的劃定一般應由辦展機構控制和最後確定，代理商一般無權劃位，只能提出劃位建議，其建議只有辦展機構書面認可後才有效。

（4）參展商的參展費。除承包代理外，代理商原則上不得代收參展商的參展費及其他一切費用。個別特殊情況，可允許代理商代收參展商的參展費，但代理商必須在辦展機構指定的時間內，將其所代收的參展商的參展費扣除商定的佣金後的餘額全部交到辦展機構。

（5）累進制折扣的控制。累進折扣的最高佣金比例，應要求相應招展層位達到一定的數量。佣金的結算，按當時招展數量對應的比例計算。以後跨檔，再補足以前已結算的佣金差額。對於不同的代理商，具體佣金累進折扣可以分為分檔固定折扣和分檔浮動折扣。分檔固定折扣：根據代理商招展展位的不同數量使用不同的檔位折扣，檔位固定，折扣比例固定，佣金分段計提。分檔浮動折扣：代理商招展展位數量檔位與佣金比例對應浮動，即以最後招展展位所達到的對應檔位下限數的佣金比例計提佣金。代理商的各種辦公費用一般由代理商自行承擔。

6. 代理風險的防範

在招展工作中使用招展代理有許多好處，但如果管理不善，也會帶來很多風險：多頭對外的風險、代理商欺騙客戶的風險、損壞辦展機構聲譽和形象的風險、收款和展位劃位混亂的風險、展位臨期有空缺的風險。

案例分析一

上海展館的市場定位和經營模式

1. 上海新國際博覽中心

2002 年，上海新國際博覽中心場地總出租面積達 896200 平方公尺，共舉辦了 44 場展覽，3 項非展覽活動。其中許多展覽和非展覽活動在中國乃至整個亞太地區都堪稱一流，如華交會、工博會、體博會、汽車展、模具展、家具展、CeBIT 亞洲資訊展、ATP 大師杯網球總決賽等。儘管 2003 年受到「SARS」的衝擊，上海新國際博覽中心運營仍然取得了巨大的成功，共舉辦了 41 場展覽會，銷售展覽面積達 1010000 平方公尺，與 2002 年相比增長 25.8%，共吸引了 21325 位參展商（其中海外參展商占 25.1%），以及 1386320 位觀眾（其中海外參觀者占 15.8%）。

新國際博覽中心積極採取行動加強客戶關係管理。一方面，實施定期的客戶滿意度市場調查，以便更好地滿足客戶的需求。另一方面，定期舉辦客戶服務的管理培訓，以改進員工的服務意識和技能。當然，客戶服務質量的加強和持續改進，絕非單個人或部門的任務，整個組織全體成員的承諾以及一個以客戶為中心的組織氛圍，是客戶關係管理的關鍵。上海新國際博覽中心的目標是透過與客戶建成一個以客戶為中心的組織，為客戶提供最好的增值服務。

在中國市場取得了令人欣喜而穩定的增長後，上海新國際博覽中心已開始涉足海外市場，積極推動與亞洲其他兩個一流會展中心——Suntec Singapore（新達新加坡國際會議與博覽中心）和 Nippon Convention Centre Inc（日本會展中心）的戰略聯盟。此次戰略聯盟使上海新國際博覽中心能夠有機會吸收合作夥伴的資源來增強其新的競爭力，提升客戶服務價

值。在今天這個持續變化的市場競爭環境中，創新與合作是驅動上海新國際博覽中心不斷前行的兩個重要成功因素，上海新國際博覽中心對這個大膽的戰略創舉充滿信心，它將有利於三方之間更開放的合作與交流，加強各自的合作與交流，提升各自的品牌形象，從而吸引更多的國際會展進入亞洲，進一步強化和鞏固各自在未來市場的競爭地位。

據統計，2002～2003年光臨上海新國際博覽中心的參展商共計39070家，參觀者達300餘萬人次。隨著將來展覽會數量的不斷增多，以及規模的擴大，上海新國際博覽中心帶來的人流、物流對當地的貿易、旅遊、娛樂、飯店、出租、餐飲、港口、運輸等行業的影響正日益凸顯，為當地提供了新的經濟增長點。

2. 上海光大會展中心

上海光大會展中心的基礎設施包括酒店、會議室和展館。酒店有800套客房，展館面積是35000平方公尺，還有上萬平方公尺的會議廳。綜合配合的一條龍服務，大大方便了客戶。作為上海的主要展館，上海光大會展中心舉辦的展覽有自己的特點，一般選擇3萬平方公尺以下的展覽，而且展覽本身能產生綜合效益，所以主要面向外地的展會，可以充分利用會議廳和酒店。北京（占總量的80%）和香港的展覽是主要的客戶。上海光大會展中心每年在京、港舉行各種大型活動，包括推廣會、客戶聯誼會，等等，與中外的展覽公司、相關協會建立密切聯繫，延攬客戶資源。

從管理的角度總結，上海光大會展中心的項目經理負責制一直運行良好。項目經理權限很大，可以協調解決包括安保、工程等所有部門的所有問題，就是總經理本人也要受項目經理的「差遣」。這種由一人負責到底的項目經理負責制，在經營實踐中的效果非常明顯。

從某種意義上說，展會主辦方、參展商、觀眾都是我們的客戶，因而客戶回訪是很重要的一項工作。一般情況下，會在展覽現場發放徵詢意見表，瞭解參展商的需求與建議，找出在工作中的不足，方便他們進行展示和交易。每年年底，上海光大會展中心會對客戶進行回訪，透過座談會等形式進行業務切磋，總結場館、酒店等方面的問題，改進以後的工作。

上海光大會展中心舉辦的品牌戰，如數控機床展、美博會、文博會、上交會等，每年近 30 場。為支持品牌展的建設，上海光大會展中心採取一些相應的措施：優先安排場地——與主辦方協商，預留特定時段，保證品牌展的連續性；提供服務上的便利和支持——外地來滬辦展，在報批、消防、治安許可、交通疏導、保安等方面會給予幫助；還有一些運作細節上的考慮，比如有些展館通常是晚上進場，而這裡可以 24 小時進館。

引進新展會也是保證場館運營可持續發展的重要環節。在選擇新展會時，事先會進行目標客戶分析，爭取效益最大化，因為不是所有的展會都適合場館。在這方面，上海光大會展中心的通常做法是：優先培育孵化小於 1 萬平方公尺的品牌展會，而且這些展會可以有 3 ～ 4 年培育期。這項工作的效果也很明顯，一些展會已經由 5000 平方公尺發展為幾萬平方公尺。

上述的經營措施已經給上海光大會展中心帶來比較好的效益，2003 年的場館利用率是 48.7%，共 400 多萬平方公尺。上海光大會展中心的管理輸出業務也已經取得積極進展，已經與杭州國際會展中心簽約，輸出營運體系和會展人才。

3. 上海展覽中心

2001 年，上海展覽中心花了近 3 個億進行了大修改造，設備設施的功能水準得到重新定位，在改擴建的同時進行了經營策略上的調整，實行南展北會的經營格局，在經營方針上，逐步從以展覽一業為主轉變為以展覽、會議和物業為主的三業並舉，並計劃在三到五年內產值各占三分之一。

上海展覽中心是上海最早建立的展館，有過它的輝煌時期。隨著虹橋國展中心、世貿、光大、浦東新博的出現，上海展覽中心的壓力越來越大。上海展覽中心在 2001 年做了適時地調整，在策略和硬體上都有了變化。5 年內，上展舉辦的展覽增加了 40% 左右，這兩年的增長率在 8% ～ 10% 之間。上海展覽中心有 23000 平方公尺的展館，10000 平方公尺的會議場所和 10000 平方公尺的辦公場所。

上海展覽中心的優勢是地理位置和名牌優勢的結合。業務定位是關注兩萬平方公尺左右的展會，發展小型展覽，爭取中型展覽，放棄大型展覽。業務重點選擇是與老百姓密切相關的消費類展覽。而自己主辦的一年兩次的假日樓市展在上海有相當的知名度，一天有幾萬人次參觀。東二館的利用率也大大提高，經過改造的 42 間會議室吸引了音響展等名牌展會。

在業務開發上，除了展覽、會議、出租三塊，也接辦一些外地的土特產展銷會、農副產品博覽會等。同時也會舉辦一些精品展，如古埃及國寶展、香港珠寶展等。在展館業務發展上，不是隨便把檔期排滿，而是有所選擇。

上海展覽中心不僅租賃場地，也做自辦展。不僅鍛鍊了隊伍，擴大了營銷業務，而且自辦展利潤也相對高一些。

4. 上海國際展覽中心

上海國際展覽中心是中國國內第一個中外合資展館，同時也是第一個通過 ISO 9000 認證的展館。內部實行「一站式服務」，一個窗口解決所有問題，只要找到營運部，找到項目經理就能瞭解整個辦展進程。場館依照 ISO 9000 實施標準化管理，全體員工每天都要做工作紀律培訓，接受隨機檢查。

從 1997 年起，上海國際展覽中心在出租場地的基礎上，增加了自辦展覽這塊業務，但一直遵循這樣的原則：大客戶做的展覽不做，避免衝突；透過自辦展，積累經驗，以更高的服務質量服務於主辦單位。

上海國際展覽中心的市場定位很明確——1 萬平方公尺左右的展會。這種展會在服務、體制、經驗上都能體現出上海國際展覽中心優勢，比如培育出的車展、紡織展、模具展等在業內都有較好的口碑。上海國際展覽中心不僅做展館出租的主營業務，還花大力氣做自辦展；在場館經營上，除了場地租賃管理、自辦展之外，還增加了第三方面的經營模式——「管理輸出」。透過管理輸出以及 2001 年創辦的「展中展」，充分利用已有資源，在開拓市場方面，先走一步。另外，隨著形勢的發展，上海國際展覽中心要求員工提高自身素質，40 歲以下的員工都要進行業務學習，並且報銷全部學習費用。

在自辦展方面，有樂器展、燈光音響展、軌道交通展、隧道展，以及「展中展」。其中樂器展已經做到亞洲第一。但是自辦展還在起步階段，希望根據行業需求，展示發展現狀，給行業指名趨勢，促進行業發展。在場租降低的趨勢出現時，上海國際展覽中心開始自辦展，將發展的主動權牢牢抓在自己手中，展館的場租價格略高，但客戶最後算起來不貴，因為預算體系清楚，價格體系透明。

5. 上海東亞展覽館

上海東亞展覽館與上海其他專業展館有所區別，它是由上海東亞體育文化中心投入近 1000 萬元將原來的運動員訓練館改建成的，位於上海體育場和上海體育館之間，儘管在硬體上有點不足，但也具備得天獨厚的優勢：展館層高 12 公尺，氣勢不凡，室內面積 4500 平方公尺，可分割成三個大廳、兩個小廳，中間有移動的隔離裝置，另外水電配套和無線上網等功能齊備。展館正門的火炬廣場面積有 4000 餘平方公尺，可配合展會做互動、動靜結合的配套活動。由於東亞展覽館地處成熟的徐家匯商業圈內，地理位置十分優越，地鐵、輕軌、高架和百餘條公車路線構成了密如蛛網並且十分便捷的立體化交通網絡。因此，上海東亞展覽館特別適宜舉辦面積適中的貼近市民生活消費和時尚類展覽會。

上海東亞展覽館的定位主要是要跟市民生活消費相關，比如二手房展、餐飲博覽會、教育展、動漫展、體育高爾夫展等，都凸顯出自身的綜合優勢。由於展覽貼近老百姓，加上每年還要舉辦的體育賽事、文藝演出活動近 200 場，因此一年的觀眾流可達 800 萬人次。另外，上海東亞展覽館也舉辦一些中小型的專業展，如勞防用品展、國際輪胎展等。

上海東亞展覽館非常重視對參展商提供的終端服務，因為展覽會的成功與否，直接取決於參展商的滿意度。嚴格管理和細緻服務使得業務有了長足的發展，很多參展商表示，儘管上海東亞展覽館在展館硬體上沒什麼優勢，但服務是一流的。

作為一家新興的場館，上海東亞展覽館在選擇合作夥伴和展覽項目時也很慎重，要先看其公司的資質和行業內的信譽度，當然展覽內容也很重要，

因為目前的展覽內容確實存在太多的良莠不齊，如果單純追求展館出租率和眼前利益，很容易步入發展的誤區。重視社會效益注意扶持有社會效益的展覽會，也是上海東亞展覽館的特色之一。

上海東亞展覽館為保證場館的服務標準，將進一步加大軟、硬體的投入，秉承客戶為先的一貫宗旨，努力使所有到上海東亞展覽館參展的客戶能時刻享受到超值和周到的服務。

案例思考

1. 上海各會展場館是如何進行市場定位的？

2. 結合材料思考上海各會展場館的市場定位的相同點和不同點。

案例分析二

上海國際展覽中心的 SWOT 分析

優　勢	劣　勢	機　會	威　脅
齊全周到的配套設施	有限展出面積	集團化合作經營趨勢	新興場館的建立
多樣化的經營項目	無場館擴建空間	加入WTO帶來商機	其他場館的戰略聯盟
優秀的自辦展能力	服務意識欠佳	政府對展覽業的關注	國外會展巨頭的湧入
先進管理輸出模式		重商務會議及演出開發	

透過 SWOT 分析，上海國際展覽中心明確了市場定位，提出了「甘作中小型精品展覽會搖籃」的方針。堅持把場地銷售定位在中小型、高質量的展覽會，這不僅能提高展館出租收益，還帶動了租賃、飲食消費、人員服務和保衛等相關服務項目的收益。

案例思考

1. 上海國際展覽中心市場定位的標準是什麼？

2. 結合材料分析，中國場館在進行 SWTO 分析時需要注意的問題。

案例分析三

成都國展拓寬經營渠道舉辦自辦展

在之前的案例分析中，我們已經知道，成都國展透過帶動相關產業的發展取得了巨大的成功，但是成都國展並未滿足於承接展會。承接展會固然是沒有風險，但是展會的數量和收入都是有限的，展館很難做大。成都國展是股份制企業，根據市場需求，成都國展決定不斷拓展自己的發展空間，尋找潛在市場。2002 年，成都國展做了結構式調整，承接展和自辦展同時發展。成都國展以當地特色經濟為依託，聯合市政府和行業協會，策劃、承辦了「汽車展」和「住博會」等展會；2005 年，成都國展還舉辦了「皮革展」、「IT展」、「農博會」等展會。2004 年自辦展雖然在數量上只占成都國展展覽總數的 5%，收入卻占到展覽總收入 45%。自辦展和承接展的結構性變化和收入的變化，促進了展館會展核心競爭力的形成，同時更形成了以內促外，以外帶內的會展互動的良性發展軌道。2004 年成都國展引進的國際化論壇項目就有 4 個。

案例思考

1. 成都國展舉辦自辦展所帶來的優勢是怎樣的？

2. 透過成都國展自辦展成功案例，思考中國展館該如何進行自辦展營銷。

第六章 會展場館服務管理

　　會展場館的服務管理是場館能否正常運行的基礎，是場館經營管理的重要環節。服務，是指以各種勞務形式為他人提供某種效用的活動。會展場館服務是以提供會議和展出服務的方式向觀眾提供交流、參觀、欣賞、娛樂、購物、交易和休息等勞務服務的綜合性服務。場館服務是為了提高場館的社會效益和經濟效益的重要手段。

　　一般來說，會展場館服務管理主要包括以下的內容。

　　第一，一般物業管理。是指實施與一般物業性質相同的管理，如設施設備管理、安全保衛管理、環境衛生管理、物業養護維修管理、消防管理、綠化管理、車輛交通管理等內容。

　　第二，會展組織管理。包括組建會展機關、發布會展資訊、招攬參展商、編制會展文件、辦理參展手續、組織活動安排等。其中會展文件包括：展覽資料、參展申請表、展館區示意圖、參展費用標準、有關服務資料、參展人員手冊等。

　　第三，展商招待管理。由於參展商往往有人員、設備、產品、展示器材等的先期到達，管理公司要在酒店安排、設備保管、產品運輸、器材組裝等方面加強接待管理工作，為展商提供方便、安全、快捷的管理服務。

　　第四，展覽網路管理。由於會展活動往往是高科技現代化的展示活動，需要提供電子商務、網上交易、商務傳真、客戶聯繫等網路活動，所以就要求管理單位提供必要的和先進的網路服務管理，提高會展活動的效率和展商的滿意度。

　　第五，展臺展具管理。由於會展活動往往需要產品展示和功能演示，所以需要搭建相當規模的展臺展具。管理單位一方面要加強對展臺搭建裝修公司的搭建和拆除的秩序管理；另一方面要加強對參展商展臺展具是否符合場館要求和相關法規的審查管理，以利於會展活動的順利進行。

第六，綜合服務管理。是指為會展活動提供各種各樣的服務，如公關禮儀服務、旅遊服務、保險服務、運輸服務、翻譯服務、訂票服務、綜合展覽服務等，為會展活動提供必要的各種服務項目。

第七，市場推廣管理。為了創建品牌形象和創造會展最大效益，需要加強會展的市場推廣活動。會展活動的主要策劃推廣活動，由主辦商來進行，但在會展場館的市場推廣活動則需要管理公司來進行。一般要在吸引知名參展商、貿易商、採購商、批發商等方面的市場推廣和對與會主辦商的主辦推廣兩方面進行管理，為展館的品牌建設和穩定發展提供有力的市場保障。

▌第一節 會展場館服務的內容

場館服務是場館取得競爭優勢的重要武器。場館服務包含的內容非常廣泛，下面我們將把場館服務的內容再進行具體的分析。

一、場館服務的對象

從場館服務的對象上看，主要包括：對參展商的服務、對觀眾的服務和其他方面的服務。

（一）對參展商的服務

參展商是場館最重要的顧客之一，也是場館最重要的服務對象之一，對參展商的服務主要包括：通報場館內舉辦展會的情況、提供策劃、展品運輸、邀請合適的觀眾到會參觀、展位的搭建、展覽現場服務等。

（二）對觀眾的服務

和參展商一樣，觀眾也是場館另一個最重要的客戶和服務對象。場館為之服務的觀眾分為兩種，一是對專業觀眾的服務，二是對普通觀眾的服務。對專業觀眾的服務包括：通報場館內舉辦展會和展品的資訊、產品供給資訊、展會現場服務、招攬合適的參展商到會展出等。

（三）對其他方面的服務

除了參展商和觀眾以外，場館還有其他一些相關服務對象，如新聞媒體、行業協會和商務、行業主管部門、國際組織、國外駐華機構等。對這些對象的服務種類是繁多的，但主要的是資訊服務。

二、場館服務的階段

從場館籌備展會的不同階段來看，場館服務包括展前服務、展中服務和展後服務。

（一）展前服務管理

1. 展會現場管理

在展會開幕之前一般都要舉行展會開幕儀式。如果展會開幕儀式是在場館外的廣場舉行，那麼就要布置好展會的背板、門樓或展覽會的橫幅，並在背板上寫上展會的名稱、開放的時間、展會的主辦、承辦、支持單位等辦展機構的名稱等。對於展會舉行開幕式的主要場地要提前安排。如果開幕現場有表演，還要按表演的需要安排好表演場地。

如果場館有序幕大廳，則要在序幕大廳準備好以下內容：場館、展區和展位的分布平面圖、各服務網點分布圖、各參展企業及其展位號一覽表、名錄牌、展會簡介牌、展區參觀路線指示牌、展會宣傳推廣報導牌、展會相關活動告示牌等。

在各展館裡，除了各參展企業的展位以外，場館還要布置一些展覽內容提示牌、參觀路線指示牌、本展區服務網點提示牌、到其他展館或展區的路線提示牌、本展區參展企業及其展位號一覽表等。

除以上內容外，很多場館還會在場館適當的區域內開闢一定的空間作為展會嘉賓的休息室或者會客室供展會嘉賓使用。在該休息室或者會客室裡，除了要配備一些茶水、咖啡和小點心以外，還可以放一些有關展會的介紹資料。如果有必要，還可以為該休息室或會客室配備專門的服務人員或者翻譯。

為了方便參展商和觀眾，還可以在場館序幕大廳、場館的主通道或其他便利的地方設立「聯絡諮詢服務中心」，安排專門的人員在該中心負責接待和聯繫客戶，現場處理客戶提出的有關問題。如果展會規模較大，除了該「聯絡諮詢服務中心」外，展會還可以其他合適的地方再設立一些「聯絡諮詢服務點」。

2. 媒體接待與管理

展會開幕前，場館要與有關媒體取得聯繫，為召開新聞發布會或邀請媒體記者對展會開幕現場和展覽現場進行採訪和新聞報導做準備。邀請的媒體記者包括新聞記者和攝影記者。

場館應該在現場適當的地方開闢一定的區域作為「新聞中心」，供各媒體和記者使用。新聞中心要配備電腦、傳真機、寫字臺、紙筆，還要配備茶水、咖啡和小點心等。還可以在新聞中心放一些有關場館的介紹資料和展會的辦展背景、行業情況、展會特點的相關資料。

場館要安排專人負責新聞記者的接待和聯絡工作，還可以組織、引導和安排各新聞媒體對場館進行新聞報導，為各媒體記者提供必要的展會資料，積極回答記者提出的問題。

3. 開幕服務

場館開幕式是場館用一種隆重的儀式向社會各界宣布展會正式開幕。開幕式是一項較為大型的活動，一般還有有關領導參加並伴有一些表演活動，涉及的層面很多。

場館開幕式的時間和地點要事先做好安排並通知到有關方面。開幕的時間一般不宜太早，否則不利於參展商進場準備和出席開幕式的嘉賓按時到場；開幕式的地點一般要安排在場館的廣場上，這樣更方便有關人員在開幕結束後直接入場參觀。

開幕前要落實出席開幕式的嘉賓名單並與他們多方溝通，告知開幕的準確時間和地點，場館要派人負責接待，準備簽到簿讓嘉賓簽到。

（二）展中服務管理

1. 專業觀眾登記服務管理

專業觀眾是場館除了參展商之外的另一個重要的客戶。場館必須要準備好參觀指南、觀眾登記表、展會證件、門票、展會會刊等。可以在場館的序幕大廳或者專門的觀眾進館大廳內設立專業觀眾登記櫃臺來進行場館的專業觀眾登記工作。與此相對應，場館還要設立觀眾登記通道。場館可以根據方便觀眾登記和場館的需要，對觀眾登記櫃臺和通道進行分類管理。

場館必須要有專人負責管理觀眾登記等現場事務，觀眾登記現場要保持秩序井然，不雜亂。工作人員現場錄入的觀眾資訊要準確。場館工作人員的工作態度要好，動作要迅速，並對場館有一定的瞭解，能回答觀眾提出的關於場館的一般問題。

觀眾登記工作是場館的門戶，所以到會觀眾要入館參觀首先就必須進行觀眾登記，觀眾登記對場館現場管理工作十分重要。

2. 場館現場服務管理

場館現場服務管理是指從布展開始，包括展會展覽期間到最後展會閉幕這段時間對場館布展、展覽和撤展等事務的組織管理工作。

當展會開幕日期臨近時，場館要迎接參展商進館進行布展。布展是場館對現場環境進行布置和對參展商的有關工作進行協調的過程。場館布展要進行的工作主要有：展位分割畫線，場館地毯鋪設，參展商報到和進場，展位搭建協調，現場施工管理和驗收，展位楣板製作、安裝和核對，現場安全保衛工作，消防和安全檢查，現場清潔和布展垃圾的處理等。

展覽期間的場館現場工作是最重要和最關鍵的一環。展會期間，場館的現場工作主要包括與參展商現場聯絡和服務、觀眾登記和服務、公關和重要接待服務、媒體接待與採訪、相關活動的協調管理、現場安全保衛工作、有關資訊的收集整理、與有關方面商談下一屆展會的合作與代理事宜。

（三）展後服務管理

1. 撤展管理

場館的撤展管理包括展位的拆除、參展商租用展具的退還、參展商展品的處理和回運、場館的清潔和撤展安全保衛等工作。

展覽完畢之後，各參展商的展位要安全拆除，讓場館場地恢復原貌，展位的拆除工作一般要在展品取下展架之後才進行。場館要監督各參展商或承建商按規定的程序進行展位的拆除工作。

展覽完畢，各參展商臨時租用的展具要及時退還場館或各承建商。為了保證所有出館人員帶出場館的展品是他自己的物品，在展會展覽期間及展會結束之後，場館要對所有的出館展品進行查驗後才能給予放行。展會撤展時往往會比布展時產生更多的垃圾，場館或指定的承建商要及時處理。還有，場館撤展時會比較雜亂，但場館不能鬆懈撤展現場的安全和消防保衛工作。

2. 後續服務管理

後續服務管理就是展會閉幕之後提供給參展商、觀眾和其他各方面的後續服務，比如郵寄場館舉辦展會的總結、展會成交情況通報、介紹場館下次舉辦展會的情況等。

三、場館服務的功能

從場館服務的功能來看，場館服務包括展覽會議服務、資訊諮詢服務、商旅服務。

（一）展覽會議服務

展覽會議服務是場館提供的傳統服務，為各種類型的商品提供展示、行業活動、交流會議、資訊發布、經濟貿易的服務。

（二）資訊諮詢服務

資訊諮詢服務就是場館為參展商、觀眾和其他有關方面提供的有關行業動態、貿易需求、行業發展、市場分析等商務資訊和諮詢的服務。

（三）商旅服務

為了讓參展商和觀眾能夠更全面地瞭解當地市場，在場館舉辦的展會完成之後，對有商務考察和旅遊需要的顧客，有必要提供商旅服務。

四、場館服務的方式

從場館提供服務的方式上看，場館服務包括標準化服務、個性化服務和專業服務。

（一）標準化服務

場館對自己向顧客提供的服務制定統一的標準，然後嚴格按照標準向顧客提供規範的服務叫標準化服務。

1. 餐飲標準化服務

場館應該站在觀眾的立場上提供一個對公眾開放的價格合理、環境整潔的良好的餐飲服務。

餐飲是場館服務的重要組成部分。餐飲服務在物質方面最重要的作用就是給與會者一個休息、就餐的機會，餐飲服務還可以創造社交機會，讓與會者能夠彼此增進瞭解。

餐飲服務需要注意的問題：

（1）飲食衛生。只有清潔衛生的飲食才能使與會代表吃得好、吃得滿意。因此，必須按照有關食品衛生的要求和規定，採取得力措施，實施嚴格管理，確保飲食安全，從而保證會展活動的順利進行和圓滿結束。

（2）規格適中。會展活動中的飲食一定要根據經費預算確定就餐標準。飲食標準應當由會展活動的領導機構確定，並貫徹勤儉節約的原則，反對大吃大喝和鋪張浪費。

（3）照顧特殊。服務對象中如有不同飲食習慣的少數民族代表、外賓或其他有特殊飲食要求的代表，要特別予以照顧，盡可能滿足他們的需要。

（4）飲食服務要分解到早、中、晚三餐的具體安排，就餐時間一般要同會展活動的作息時間綜合考慮，如果人數較多，要多安排幾個就餐地點。此外，一定要保證飲食安全。

2. 住宿標準化服務

從外地來參展的參展商和參觀者，會選擇在會展場館附近的飯店、酒店、賓館住宿，這樣有助於會展活動期間的資訊溝通和事務聯繫，有利於加強在參展期間的安排和管理，也有助於休會期間與其他參加對象之間進行非正式的溝通和交談，還可以節省時間和交通費用。因此，會展場館為了提供更為全面的標準化服務，可以在場館的醒目處標示附近飯店、酒店、賓館的聯繫方式。

場館還可以事先和附近飯店、酒店、賓館合作，提供更加便捷和全面的服務。這時，場館可以根據會展活動通知的回執、報名表、申請表統計到會的大致人數，並據此事先告知附近飯店、酒店、賓館，預算房間數量能否容納會展活動的住宿人數，避免因住宿問題影響參展商和參觀者參展的情緒，避免給參展活動帶來混亂。

3. 旅遊標準化服務

旅遊是很多會展活動密不可分的組成部分，在很多時候，組織會後旅遊甚至成為吸引人們前來參展和參觀的一個有效手段。會展旅遊或休閒活動的安排，可以使與會者調節精神、有張有弛、促進會展活動的成功，也可以為與會者提供溝通、交流的機會，進一步深化資訊交流的宗旨。

但在組織旅遊時也要注意相關問題。進行參觀、考察、遊覽的項目要盡可能與會展活動的目標和主題相適應，還要考慮參觀、考察、遊覽的當地是否具有足夠的接待能力。必須制訂詳細計劃，安排參觀遊覽的線路、具體日程和時間表，並明確告知參加對象，讓他們做好思想準備和物質準備。項目確定後，應及時與接待單位取得聯繫，落實好車輛，安排好食宿。旅遊項目也可以委託旅行社實施，但必須選擇信譽好、價格合理的旅行社，並簽訂合約。

（二）個性化服務

場館針對各個顧客的不同需求，對不同的客戶提供滿足其需求的個性化服務。不同的會展場館為了體現自己的優勢與特色，會為參展商和觀眾提供個性化服務，這些個性化服務有可能成為場館經營管理的閃光點，吸引更多的參展商來參展，也會給公眾和觀眾留下深刻的印象。

1. 對兒童的個性化服務

越來越多的與會者喜歡帶著孩子來參展和參觀。可以在展館內或者展會外建立一個兒童樂園、嬉戲區供家長安頓孩子，也可以專門設立一個兒童看護中心。兒童看護中心的設立給與會者帶來了很多便利，使他們不再考慮接送孩子問題。

當然，設立兒童看護中心也有其消極的一面，即不僅增加了額外花費還增加了自己的責任。兒童看護中心的工作瑣碎而繁多，不僅需要僱用合格的看護人員，而且為了不讓孩子厭煩，這些人員還要想方設法為不同年齡段的孩子設計花樣不同的活動。此外，還得有場地供兒童看護中心組織活動。所以，要事先作一些調查和蒐集工作，然後把資訊綜合起來考慮。

2. 對婦女的個性化服務

在女用洗手間可以設立一些獨立的化妝室和更衣室，在零售部準備一些絲襪、指甲刀、邦迪等用於救急的物品，這樣不但可以增加額外銷售，還能用這種貼心的服務提高女性顧客的忠誠度。

3. 針對特殊人群的服務

應該在場館內設置殘障人士的專用通道、專用洗手間、專用電梯設備、專用視聽設備、盲道等，還要配備可租借的輪椅等助行工具。場館服務人員也要有為特殊人群服務的意識。

4. 清潔的個性化服務

清潔問題也是十分重要的，因為這能反映出場館服務的整體水平。管理的重點應放在特裝展位、裝修垃圾、各類粘貼物、違禁品違章亂用、亂建、

亂掛、亂塗等的管理以及現場處理和呼叫相關部門協調支援等服務。還要配合有關部門保持貨運通道、展廳人行通道、安全通道、貨運出入口的通暢，及時清潔各類亂堆、亂丟、亂貼的廢棄物。由於特裝展位的展臺搭建複雜、工程量大、施工材料多，極易污染展館環境，遺留特裝垃圾，增加維護成本，同時存在的安全隱患也較多，為此，就必須對特裝展位制定專項管理規定。

5. 場館物業個性化服務

傳統的物業管理事務僅限於清潔、綠化、安保、交通、維修維護等日常服務，而展覽館物業管理中的服務除涉及上述內容外，還必須進行展務聯繫與協調、展務計劃與實施、內部及展會過程中各現場工作接口的協調與回饋、公共活動全過程跟蹤以及播音、翻譯、開幕式、新聞發布會和上述活動或項目而服務的標誌製作與布置等。

6. 諮詢及翻譯個性化服務

可以在場館內設置現場諮詢指導，對參展手續、展位、用電申請、位置功能指引、加班申請、施工布展、參展出入門證辦理等提供個性化服務；在展會過程中由於許多顧客、訪客、參觀客、參展商、組委會等在相互尋求，相互發生經濟流、物質流、人流活動，因此需要相應的展會諮詢和引導服務。

由於參展商、組委會國際化趨勢越來越明顯，因此，作為一流的場館服務需要提供相應的雙語播音，展覽現場還要有相應的翻譯諮詢，為參展商、顧客、訪客、參觀者提供即時翻譯服務。

7. 投訴與意見回饋個性化服務

這也是人性化服務很重要的一部分，展覽現場接受投訴及其回饋也是場館服務體系的重要內容。場館工作人員須本著讓參展商滿意、讓參觀者滿意、讓組委會滿意的宗旨，積極熱情、靈活有效地處理各類投訴，耐心解釋，爭取諒解。同時，積極收集各回饋意見，並從組委會、業主、參展商、參觀者等不同的目標中選擇對象，收集對場館服務工作的回饋意見，以便場館服務工作的不斷改進和提高。

8. 場館場內布置的個性化服務

現在走進中國國內很多場館，第一感覺就是「吵鬧的音樂、譁眾取寵的表演和蜂擁爭搶紙袋的人群」。這些現象很普遍，的確有損場館形象。若場館能做到「空氣流通、光線明亮、室溫適宜、布局寬敞，在眾多展場之間到處設有咖啡屋，供人們休息，並可交流、洽談業務」的話，那麼一定能從眾多場館中脫穎而出，因為它的個性化服務很到位，很突出。

在這方面，漢諾威展覽中心是個很好的榜樣。凡進入漢諾威展覽中心的人，第一感覺是這裡不像在搞展覽，倒好像是一個交流、休閒的場所。展覽中心滿目春色，到處是鮮花、綠色植物。而展覽場內寬敞、優雅，展品布置得當、美觀，每個展館內都有風格不同的休息區域，並且裝飾得很漂亮、很舒適。這樣的場館深受參展商和觀眾的歡迎。

（三）專業服務

專業服務是指場館根據實際的需要，以專業的手段和方式，為顧客提供的各種服務。

1. 交通設施

四通八達的交通可以使參展商及參觀者能夠更方便快捷地進入會展場館。場館可以提供一些班車，免費接送往來展館及火車站、汽車站的參觀者，使他們輕鬆便捷地到達場館。也可以建造一座能停泊很多車輛的多層停車樓，又或者是建造一座天橋，用於引導參觀者直接進入各個展場。這些專業服務措施能夠更好地方便參展商和觀眾。

2. 新聞和商務服務

可以在展會現場設立新聞中心和商務中心。在「CISMA2005」上，主辦方就特地設立了新聞中心，吸引了很多的中外媒體對展會進行深入報導，加強了對展會和參展商的宣傳力度，獲得了廣泛的好評。商務中心同樣重要，它能為參展商拓展業務、現場辦公提供很多便利，甚至可以幫助他們促成很多生意。

3. 入口管理

場館必須要有完善有序的入口管理。在中國國內舉辦的很多展會中,擁擠的人流一直是影響整個展會質量的因素之一。在這方面,漢諾威展覽場的做法就很值得我們借鑑。為了滿足展會期間突然增多的人流的需要,主辦者對展覽場的中央交通控制系統進行了改進。漢諾威展覽場的所有展館都在底層配備了供觀眾駕車直接駛入的門口。觀眾進入後,可非常方便地步入11個入口的任何一個。漢諾威展覽公司有關人士說,進行這一系列改進的目的是為了確保觀眾哪怕在寒冷的冬季也能充分享受展會期間的舒適和便利。

4. 安保服務

為了使場館順利運營,場館的安全保衛工作十分重要。場館要制定安全保衛方案,落實安全保衛制度,如值班制度、夜間巡邏制度、開館接交和閉館清場制度、消防管理制度等。場館安保服務要抓重點、抓關鍵。重點是防火、防盜。對易燃易爆展品和設施要重點加以保護。珍貴物品應有專人看管,消防設施和控制報警裝置要經常檢查,確保良好有效。要加強對全體場館工作人員和廣大觀眾的安全教育,自覺遵守有關防火、防盜及人身安全的紀律和規定。

第二節 會展場館提高服務管理質量的辦法

一、場館服務的基本特徵

(一) 無形性

場館服務在本質上是抽象的、無形的。在很多時候,參展商和觀眾只能透過感覺感受場館的服務。場館服務的無形性對場館而言既有有利的一面,也有不利的一面。從有利的方面來說,場館服務的「無形」,使場館服務難以度量,這為場館提高服務技巧和滿足顧客的需要提供了極大的空間,為場館服務技巧的發展提供了廣闊的天地。不利方面是,參展商和觀眾不容易識別這些「無形」的服務,服務的質量也較難以控制和測量。

（二）差異性

服務是以人為中心的活動。由於服務操作人員服務經驗不同，個人的素質、修養和技術水平存在差異，即使是同一個人進行同樣的服務，由於服務對象的不同以及在不同時間裡服務人員心理狀態的差異，服務質量也會有較大的波動。不同的顧客享受某種服務的經驗和對該服務的期望也會有較大差異。這些差異有利於針對不同的參展商和觀眾提供差異化和個性化的服務，有利於提高服務靈活性和進行服務創新。但是差異性也會造成場館服務難以規範化和標準化，服務規範難以嚴格執行，使服務質量不穩定。

（三）不可分割性

場館服務的生產、消費與交易是同時進行的，場館工作人員在向客戶提供服務的同時，顧客也就享受到了這種服務。這種不可分割性可以促使場館縮短服務流程，精簡服務渠道，採用直接供給的服務方式提供服務，也有利於場館和顧客直接進行交流並建立更緊密的關係。不利方面在於場館服務人員的服務只能「一對一」地提供給顧客，這會給場館帶來不便，服務質量的好壞不僅僅取決於服務人員的個別服務，而是有賴於場館所有相關服務人員及部門的配合和協調。

（四）不可儲存性

場館服務產品不能像一般物品一樣儲存、轉售和退還，很多服務不即時利用就會過期作廢。場館服務的不可儲存性對場館形成了一種壓力，促使場館更加重視時間資源在場館服務中的作用和更加重視服務的時間效率，促使場館不斷改進服務流程設計和對服務人員的組織管理。不可儲存性的不利方面在於場館服務在時間和空間上較難協調，影響場館服務的效率和質量。

二、提高會展場館服務管理質量的辦法

提高會展場館的服務質量和工作質量需要一套完善的質量管理辦法，在會展場館服務管理活動中，可以按照計劃、實施、檢查和處理四個階段來展開。

計劃階段。這一階段的工作是制訂服務管理的目標、服務管理計劃。制訂目標和計劃必須有明確的目的性和必要性。在目標和計劃中要明確規定達到服務管理標準的時間和要求，以及由誰來完成，用什麼辦法來完成等內容。

實施階段。這個階段的工作是嚴格按照已定的目標和計劃，認真將它們付諸實施。

檢查階段。這個階段的工作是對實施後產生的效果進行檢查，並和實施前進行對比，以確定所做的是否有效果。還要將實施結果與計劃階段的目標和計劃進行對比，以發現在實施階段還存在哪些問題。

處理階段。在這個階段，要把成功的經驗形成標準，並確定以後的工作按這個標準來做。對不成功的教訓也要進行總結，以避免重犯類似的錯誤，對於尚未解決的問題，留待下一循環來解決。

提高服務管理質量可以採取以下一些辦法。

（一）借鑑國外先進的管理經驗

在會展設施及配套服務設施方面，國外會展場館不僅面積大，交通也十分便利，火車、地鐵、直升機等交通工具可以直接抵達場館。展覽場所內，包括會議室、辦公場所、銀行、郵局、海關、航空、商店、餐館、倉庫、停車場等綜合設施十分完善。我們應該去選擇適合中國社會主義市場經濟體制下的會展場館服務管理的經驗。

（二）委託專業公司全權管理

可以根據具體需要聘請國外專業公司提供顧問服務，這樣可以順道培養自己的專業人才的綜合素質和服務水平。

（三）與會展城市各有關主管部門密切合作

利用網路手段和各種傳媒系統構建會展業資訊平臺。做好旅遊、客運、食宿、娛樂、購物等方面的宣傳促銷，完善服務系統。為相關的產業開拓發展空間，為參會、參展人員提供良好服務並樹立作為未來國際大都市的整體形象。

（四）用創新的理念去管理

我們不可以因循守舊地用一般管理方法來管理會展場館的服務，可以大膽地用新方法。比如在綜合管理上，可以對前來參加重要會議的人員的陪同家屬給予更人性化、更周到體貼的服務，可以陪他們遊覽城市，購物觀光等。

案例分析

上海新國際博覽中心服務質量體系

在當前中國國內展覽業競爭日趨激烈的新形勢下，大力抓好服務工作已為許多會展企業所關注，它是一個企業建立和維繫核心競爭力的重要因素。作為會展產業鏈的關鍵環節，展館無疑是一個綜合服務平臺，是一種由固定的有形設施（它覆蓋了展覽中心各個角落和空位的有形物體，甚至包括了展廳內的溫度和濕度）加上無形的服務（展覽中心員工向顧客提供服務時所表現出的行為方式，包括員工的服務技巧、服務方式、服務態度、服務效率、職業道德、團隊精神和禮節儀表等）所組成的綜合體。

上海新國際博覽中心（SNIEC）是中國第一個中外合資建立和運營的展館，它不但吸收了國際先進的展館設計理念，同時也引進了國際先進的管理模式。它的成功除了得益於優越地理位置外，更重要的是與其長期奉行「服務立館」的理念是分不開的。在實踐中，其人性化的服務常常體現在以下幾個方面：

首先，以顧客為中心。場館依存於顧客。顧客是決定場館生存和發展的最重要因素，服務於顧客並滿足他們的需要應該成為場館存在的前提和決策的基礎。為了贏得顧客，場館必須首先深入瞭解和掌握顧客當前的和未來的需求，在此基礎上才能滿足顧客要求並爭取超越顧客期望。為了確保場館的經營以顧客為中心，場館必須把顧客要求放在第一位。顧客的滿意和認同是展館贏得市場，創造價值的關鍵。

其次，持續改進。持續改進應當是組織的一個永恆目標。質量管理的目標是顧客滿意。顧客需要在不斷地提高，因此，場館必須要持續改進才能持續獲得顧客的支持。另一方面，競爭的加劇使得場館的經營處於一種「逆水

行舟，不進則退」的局面，要求場館必須持續改進才能生存。SNIEC 長期以來堅持服務質量持續改進計劃，例如曾有位外商提出來，展館南入口大廳與班車停車點距離較遠，遇到下雨時，到會客商被淋濕了非常尷尬。SNIEC 採納了他的意見，在停車點和南入口大廳間安裝了雨棚。還有，考慮到展館間距離較遠以及觀眾在參觀展會一段時間後大多比較勞累，SNIEC 增設了館內免費穿梭電動巴士，並在東側連廊下加裝休息座椅，給觀眾、參展商創造了一個和諧的參觀休息環境。此外，在展覽的淡季通常還會針對性的進行一些技術改造項目，包括廣場車道路面翻修、空調系統改造、監視系統改造、建造更人性化標誌導引系統等。所有這一切的改進措施都是以方便顧客為出發點。

再次，質量測評。高質量的服務是透過有效的控制過程來實現的。為了能發現服務中的問題和提出改進建議，SNIEC 建立了服務測評機制。例如，以問卷調查的方式對參展商、觀眾和主辦者實施定期的顧客滿意度調查以便能夠及時瞭解他們的需求以及對當前服務的評價，將服務質量測評工作變成提升 SNIEC 服務質量的催化劑和助推器。另一方面是加強與國際一流會展中心的合作和交流，透過與標竿場館的對照，進一步提升自身的服務品質。例如，2003 年 11 月 7 日，上海新國際博覽中心與新達新加坡國際會議博覽中心（Suntec Singapore）、日本會展中心（Nippon Convention Centre Inc）宣告正式成立亞太會展場館戰略聯盟（Asia Pacific Venues Alliance APVA），目的在於加強三方在客戶服務、市場營銷、運營管理、設施技術、研究等領域中的合作與交流。從某種意義上說，此次戰略合作為 SNIEC 提供了一個學習和吸收國際先進服務理念和經驗的機會。

最後，教育培訓。優良的硬體設施是客戶服務的基礎，而優良的服務則能為公司創造更多的利潤。亞太地區的一流展館有很多，例如香港會展中心，新加坡展覽中心等。從硬體設施上來說幾個展館都不分上下，因此如何提高服務的質量就成了增加展館競爭力的關鍵。展館服務人員所表現出來的思想、行為和意識可以說直接反映了展館的服務質量，影響著展商和觀眾的消費心理和對展館的印象。因此，推行多層次、多種類、多規格的服務培訓，充分調動和發揮服務人員的潛力是十分必要的。SNIEC 教育和培訓的目的有兩個

方面。一是加強服務人員的服務和質量意識，牢固樹立「顧客為先，質量第一」的思想。二是提高服務人員的專業技能，增強服務技巧和效率。例如，SNIEC 曾多次聘請國際專業管理培訓機構並基於展商、觀眾和主辦者的回饋意見，對客戶服務第一線的員工進行有針對性教育和培訓。如搭建過程中員工的講話態度；對那些不理解的客戶如何處理等。結合實際和具體事例進行培訓，使員工感到彷彿是現場情景的再現，或未來可能遇到情況的假設，實用性很強，同時，增強了員工對場館文化的理解和認同，最終的目的是讓服務人員以他們精心的工作、熱情周到的服務、友好相助的態度以及運用嫻熟的服務技能和技巧讓每一位與會客商在經歷 SNIEC 服務的過程中真正體驗到一種賓至如歸的感覺。

案例思考

1. 上海新國際博覽中心服務立館的理念表現在哪些方面？

2. 結合材料思考中國的會展場館的服務管理還應從哪些方面入手？

第七章 會展場館規劃建設管理

▌第一節 會展場館規劃建設管理的內容

一、會展場館規劃建設所面臨的問題

（一）缺乏長遠規劃

按照經驗數據計算，會展場館的正常出租率應保持在 50% 左右。一些會展場館在建設之初，由於缺乏長遠的規劃，會展場館容量太小，產生規模瓶頸問題。比如北京的會展場館目前的出租率大都高於 50%，處於超負荷運轉狀態。

（二）布局不合理

許多地方在建設會展場館時，不考慮地域的布局情況，這樣一方面導致重複建設，造成資源的浪費；另一方面分開建設場館必然形成資源的分散，所建場館無論在規模還是配置等方面都滿足不了展覽市場的需求。

會展場館是一個公共產品，其本身不具備排他性。但是在會展場館的建設過程中則要充分考慮排他性特點（同一地域內的場館可能會相互替代），同時要站在全中國的高度來看待區域經濟的特徵，用以確定會展場館的布局。在這個基礎上再根據區域經濟的特點和當地展覽市場的發展規律來研究場館建設的規模和特點，不能盲目建設場館。

會展場館的宏觀布局缺乏規劃。一方面，有些地區密度過大，存在局部過剩，同時，北京、上海等地會展場館明顯不足，北京地區尤為嚴重。另一方面，有些城市會展場館過多，而單個展館面積和規模過小。

（三）缺乏配套規劃

忽略人性化設計，配套設施不齊全。建築布局和功能上沒有充分考慮參展商和觀眾的便利性和舒適度，配套設施滯後，交通、住宿、餐飲、通訊等無法滿足展會進一步發展的需求。

（四）會展場館建設總體上過熱

在目前全中國大部分會展場館使用率不足 30% 的情況下，全中國展覽面積的增長仍保持 20% 左右的增速。但另一方面，中國單個會展場館的面積和規模遠不及德國，小型會展場館的數量很多。

（五）會展場館建設缺乏市場調研和準確的規模定位

展覽業的發展，應當以區域經濟為依託。會展場館的建設，應充分考慮當地的產業結構、市場特點和區位因素。而中國一些城市不考慮當地和周邊城市展覽市場的需求，規劃的制定帶有很大的盲目性。其結果是，要麼規模過大，會展場館空置率很高，要麼規模太小，用不了幾年就得擴建和改造，造成資金、土地資源的極大浪費。

（六）會展場館建設專業性不強

部分會展場館位於市中心繁華地段，土地儲備不足，交通擁塞。有的城市甚至將會展場館作為城市的形象工程和標誌性建築，外表高大，內部展廳的高度和結構卻達不到專業要求，嚴重影響了展覽會的舉辦和效果。

（七）缺乏科學的經營理念

在展館建設過程中，地方政府直接成為投資主體，缺乏市場考慮，貪大求全，一步到位，致使一些場館建設投資過大，不考慮投資成本和收益。在會展場館經營管理方面，缺乏科學的經營理念，不合理競爭、對參展商和觀眾的服務單一等問題普遍存在。

二、會展場館規劃建設的意義

會展場館的規劃建設是會展場館建設項目投資前期論證的重要環節，也是會展場館建設決策過程中的一項基本工作。這一決策所涉及的影響因素範圍廣、牽涉利益多，必須採用科學的、系統的研究方法對項目所涉區域的綜合情況進行全面分析和比較，從而選取最優方案。而過去會展中心建設項目往往缺少科學可靠的決策手段，考慮因素較為單一和片面，因此容易造成失

誤並產生較為惡劣的影響，造成大宗土地等稀缺資源不能得到合理的配置、資金流失、資源浪費、不能滿足時代發展的需求等。

▌第二節 會展場館規劃建設的內容

一、會展場館的選址

　　會展場館建設選址是指輔助會展場館建設項目選擇合適的地理位置的決策過程，是項目投資前期論證的重要環節。選址是建設的基礎，也是項目成功的一個關鍵。選址決策不僅要考慮擬建項目的最佳經濟效益，還要充分考慮社會效益，包括擬建項目周圍的環境、交通等諸多因素的影響。特別是會展場館這樣的大型公共建築設施，通常需要占用大量的土地並投入巨資建設，其建成後往往會對所在地區的整體經濟發展狀況造成巨大的影響和推動作用，因此地址的選擇就顯得更加重要。研究會展場館的選址條件，對於促進會展經濟的發展具有重要的指導意義。

　　由於現代會展中心動輒超過 10 萬平方公尺的占地面積，同時還需要大量的室外展場、停車場、貨場及發展預留用地和配套設施等，加之需要通暢的人流、物流線路，因此會展中心往往需要規模龐大的用地和便利的交通條件。會展行業透過長期的發展，基本形成了處於城市邊緣、靠近主要交通幹線的選址模式。會展場館所在城市都具有特殊的地位，或為全國性中心，或有知名度較高的展覽傳統，而且展覽市場必將面向國家以外的洲級區域甚至全世界。

　　會展場館不是孤立存在的，必須和周邊的環境、基礎設施和配套設施結合在一起，才能發揮會展場館的作用。因此，會展場館的選址應該遵循一定的原則，滿足一定的要求。

　　（一）會展場館所在位置要求交通便利

　　選址必須要有方便的交通條件，如城市幹道、地鐵等，有較大面積的集散場地、停車場，有利於大規模展覽的人流安排。交通便利是會展場館選址的首要條件，因為會展活動是一個集人流、物流、資源流為一體的活動，大

量的人流和物流能否在一個相對集中的時間和空間內快速流動，主要取決於會展場館的周邊是否有便利的交通運輸條件。

會展場館應儘量選擇在城市的主要交通幹道附近，能夠滿足在會展舉辦期間人流和車流的高峰期需求，而不至於發生交通堵塞。靠近已有的或規劃中的地鐵站，能為遠距離人員的交通提供保障。另外，還應該保證在相對較短的時間裡到達會展場館周邊的能滿足住宿要求的酒店。

（二）會展場館周邊應該具有良好的配套服務設施

會展場館周圍必須有足夠的配套設施。飯店、餐飲、零售、娛樂及其他服務設施的發展水平與會展中心的發展息息相關。會展的一大特點是週期短、時間要求嚴。例如一個上千個攤位的大型展覽，布展時間只有 2～3 天，撤展時間一般只有 1 天，要將所有的展品運輸、布置、拆卸完畢，如果沒有良好的配套服務設施，就不能按時完成布展、撤展工作，無法保證會展按時周轉。

綜觀中外大型現代化會展場館，其周邊多數具有良好的配套服務設施，展館附近應配有齊全的配套基礎設施，如飯店、商場、健身場所等，為展會和遊客提供方便的同時，也避免了重複建設所帶來的浪費，特別是飯店設施。配套較全的設置要有各種等級，以適合不同消費水平人員的要求，方便參展人員就近住宿、加班、參展、洽談生意、拿取文件和物品。

按照會展中心建設規模，根據經驗，按一個有 4000 個展位的大型展覽會為例，每個展位有 2.5 個參展人員，其中 10% 參展人員由於布展、洽談等原因需要就近住宿計算，就近住宿人員為 1000 人，會展場館附屬飯店應按 500 間左右客房建設，並分別安排有不同等級的房間。同時飯店還應考慮設置較大的購物商場和娛樂中心，配套提供綜合服務。另外，配套服務設施還包括大型商場、商務辦公大樓等。

（三）有增值價值

會展場館建設能對周邊及交通沿線的開發起較大帶動作用。一般來說，場館應該處於城市增長點，容易形成可觀人流的地方，這樣有利於未來會展

場館業務經營；周邊要能預留部分空地或綠化地作為發展用地，如有水面，可擴大展覽經營項目。

（四）與周邊環境相協調

會展場館一方面是會展活動的載體，另一方面也是城市的標誌性建築。因此，會展場館應該與周圍環境和設施協調，經營上互補互利，與周圍環境的結合不應生硬。它本身是一個系統，可以十分順暢地和周圍環境相互滲透、融合、空間流動，形成城市一道優美的風景線。

為配合會展場館的建設，需要地方政府協調完善會展場館與周邊環境的關係，對會展場館選址區域城市規劃作適當調整。如規劃調整好會展場館周邊道路和人行通道、公共交通系統方面，考慮在會展場館周邊設置若干始發站以及營運專線，直接聯繫城市重點地區等，給會展場館提供更好的交通支持。

（五）注重會展場館的旅遊環境

當地或周邊地區必須要有豐富的旅遊資源，主要包括自然景觀和人文景觀兩方面。調查表明，風景名勝集中地區的會展中心往往更容易吸引會議和展覽的舉辦，從而具有更高的出租率，這樣的地區也更有助於會展中心發揮其對地區經濟的推動作用。此外，如果周邊地區具有豐富的旅遊資源，那麼會展中心的建立亦將有助於增加它們的遊客來源。

參會參展人員通常在結束會展活動時有到周邊地區旅遊休閒的願望，會展活動所帶來的大量人流已成為旅遊經濟的一個重要增長點，會展旅遊已成為旅遊市場的一個重要組成部分。因此，會展場館的選址一定要注意周邊旅遊環境。

選址還應注意遠離居民區和其他行政機構服務區域，避免給居民帶來困擾或妨礙其他公共事務。

（六）選址應該考慮未來改擴建的潛能

一個大型會展中心的建設既要充分滿足未來發展的需要，又不能過分超越現階段的需求，故往往不能一蹴而就，而是需要分階段進行，這就要求所選地理位置除了滿足現實需要外，還要具備未來改擴建的空間和餘地。

如果沒有預留地，就會限制會展場館進一步發展。從這個角度來看，如果一味追求讓會展場館成為城市標誌性建築，將其建在原本就很擁擠的市中心，就會給土地使用造成很大限制。一些會展場館就因為沒有擴建餘地而只能向高層發展，這會給貨物的進出、會展場館地面承重等帶來一系列問題，不符合現代展覽活動的要求。

（七）不同的會展場館，往往會有不同的選址結果

會展場館在城市中的位置會影響展覽效果，如果把展覽場館建立在市中心的最繁華地帶，營造成本必然很高，而且會受到日常交通的影響，造成人流、物流的不暢，國外現代化展覽中心的場址一般都選在城郊結合部，並將交通條件、環境條件和地形條件作為選址的三大要素進行論證，做到場址選擇與市政規劃相吻合。

（八）依據會展場館功能選址

會展場館根據功能劃分，大致可以分為三種類型：大型展覽中心、大型會議中心和會展中心。不同類型的會展場館要求不同的配套，不同區位，應根據城市經濟發展的現狀和目標，選擇建設合適的會展場館（見表7-1）。

表 7-1 不同類型的會展場館的選址比較

類 型	位 置	對交通的要求	對服務設施的要求
大型展覽中心 大型會議中心*	城市中心附近、城市近郊	城市快速幹道、城市環線	配套要求多，如住宿、辦公、娛樂等
會展建築綜合體	市中心附近	城市快速幹道	配套要求較少、自身帶有一定的輔助設施

類 型	位 置	對交通的要求	對服務設施的要求
會展城	城市近郊、新城	區域快速幹道、大公共系統	配套要求少，自身帶有輔助設施

＊大型會議中心的選址：度假式會議中心特別強調場地周圍環境優美。

（九）不同規模城市的會展中心選址

小城市的會展場館最好選在城市中心。小城市的發展應避免多個中心而分散了資金和人們的注意力。小城市可以將會展場館的建設作為城市發展的主動力。

大中城市的大型會展場館選址以城市邊緣為宜。這樣既不脫離城市的支持，又有較大、較自由的空間可以拓展，既有利於城市的發展，也有利於會展場館自身的發展。

二、會展場館的規劃設計原則

中國會展場館規劃設計存在兩個主要問題：一是中國對會展場館建設缺乏統一規劃，二是具體場館規劃設計與實際經營市場定位相脫節。高水平的會展場館設計應該是融合了建築學、協同學、裝飾學、美學、心理學、結構學等多門學科理論與方法的結果。在具體規劃設計過程中，還應當遵循一定的原則。

（一）遵循合理化原則，做好會展場館的布局規劃

中國在進行場館規劃時，必須考慮各省市的宏觀經濟發展狀況，因地制宜、有步驟地建設。以北京為例，在今後的 5 ～ 8 年，全市須建設 35 萬～40 萬平方公尺展覽面積的場館。針對目前全市場館存在的問題，有關專家提出應按照「大中小、遠中近」的布局來規劃場館建設。即在市中心建一批 1 萬平方公尺左右或 1 萬平方公尺以下的小場館；在城區邊緣地帶，保證一定數量的 3 萬～ 5 萬平方公尺中等規模的展覽館；在郊區或城鄉結合部，建設面積在 20 萬平方公尺以上，具有綜合配套功能、設施現代化的大型國際會展中心。此外，合理化原則還體現在交通的便捷性和人文環境的優化上。

（二）遵循專業化原則，推動會展場館設計與國際標準接軌

在國外，會展場館建設一般都被納入城市總體規劃之中，具有專業化水準，無論在外觀構思還是內部設計上都有許多值得中國學習的地方。比如，會展場館的選址一般在城市中心區，注重交通的便捷性；展廳大都只有一個層面，以利於參展商布展和觀眾觀展；展廳沒有柱子，使展廳可以任意分割，沒有視野局限；展廳的高度充分考慮參展商製作高展示物和楣板設計的要求；配備貨物裝卸區、停車場、廁所；展覽設施全部實現智慧化，並配有優良的觀眾導看系統；設有專門為參展商和觀眾提供休息的綠地等。

在今後的會展場館設計與改造中，中國企業要吸收國外的先進理念，注重國外會展場館在具體細節處理上的標準與做法，一些有實力的城市還可以邀請國外的建築設計師競投方案。這樣，若干年後中國的會展場館面貌會有所改觀，並逐步走向與國際化接軌的道路。2001 年，德國漢諾威展覽公司、杜塞道夫展覽公司、慕尼黑展覽公司聯合投資興建上海新國際博覽中心，第一期工程投資近 1 億美元，建成的四個無柱單層結構、淨高 11 公尺的展廳，堪稱藝術與科技的完美結合。三大國際展覽公司聯手參與上海會展場館的建設，不僅為中國會展業帶來了新的理念與模式，而且培育了會展場館品牌，有助於中國國內會展場館的建設向世界一流水平邁進。

（三）遵循文化原則，體現會展場館設計的特色

優秀的會展場館設計，一般具有立意高、創意新、設計奇、風格獨特等特點，能夠對觀眾形成巨大的視覺衝擊和心靈震撼，這需要設計者具備深厚的文化感悟力。

里斯本世博會上，會場道邊造型獨特的路燈、河流上豎琴式的單臂斜拉索橋樑，無不展現出設計者獨具匠心的創造力和想像力。設計者甚至根據「海洋——未來的財富」的主題，在通往大西洋海口的沿岸地帶，把所有建築都設計成船、帆、浪花、水滴等形狀，體現出了人與自然的和諧。再如，新加坡深受漢文化影響，風水觀念盛行，其國際會議與展覽中心（新達城）的建築群是典型風水觀念的體現。四座 45 層和一座 18 層的大樓環立，象徵人的五指，中間一座世界上最大的噴泉，寓意財源滾滾；所有建築物的雨水都彙

集起來用作灌溉花草和洗車，既能體現環保理念又有象徵「肥水不流外人田」之意。整個場館的設計充滿了堪輿文化氣息，顯得十分有新意。

近年來，中國國內各大城市都把會展場館建設作為一項重要的形象工程來執行，如西安國際展覽中心，展館主體外觀造型似鯤鵬展翅，隱喻西安城市建設的騰飛。又如重慶技術展覽中心，其圓形館風格別緻，展廳為大尺度半圓形、各層共享大室間的建築，室外則形成了沿公路層層疊落的臺階式綠色廣場，使整個建築視野廣闊、環境宜人。再以首期投資 40 億元人民幣、展廳面積達 16 萬平方公尺的廣州國際會展中心為例，其設計理念來自珠江的「飄」，波浪般起伏的屋頂使它宛若自珠江飄揚而至。這種理念與廣東奧林匹克體育中心的設計有些相似。從空中俯瞰，會展中心好似一朵白雲悄然飄至珠江南岸；而從側面觀賞，又像一條剛躍上岸的鯉魚，魚頭朝南，動感十足。由此可見，文化氛圍的營造有助於體現展覽場館設計的特色和創意，提高展覽場館的等級。

（四）遵循科技化原則，在會展場館的設計中融合高新技術的運用

現代化的會展場館需要完善的設施設備，以滿足各類會展活動的需要，並為與會者、參展商和觀眾提供全面、快速、高質量的服務。一般說來，除了中央空調、自動消防控制系統、保安監控系統、廣播音響系統、地面綜合布線、電腦寬頻網線等基本服務設計外，還可以將一些新技術納入會展場館設計中，如樓宇自動化管理系統、新型材料的運用、VOD 國際會議功能、無線上網操作等。針對一些國際會展場館的特殊需求，有時還要將數位會議網路（Digital Conference Network DCN）、紅外線語言分配會議同步翻譯系統、組合式大屏幕投影電視牆等先進設備運用於場館設計中，以期為會展活動提供優質高效的服務。

（五）遵循生態化原則，促使會展場館設計與環保節能相結合

可持續發展是 21 世紀的主題之一。會展業要獲得經濟效益、社會效益和生態效益的統一，必須注重會展場館的生態化設計。同前，「綠色場館」的概念在中外已經相當時興，即從會展場館的選址、建築材料的選擇到內部裝飾布局都力求突出生態化的特色；在布展用品的選取上做到易回收的材料

優先；注重節能降耗和三廢處理，如採用可以節能的變聲增壓換熱裝置及節能節耗的空調製冷液等。在一些場館的布展項目設計中，生態化理念也深入人心，如在漢諾威世博會期間芬蘭展館移栽一片故鄉的樺樹林，使用高科技手段再現了大自然懷抱中特有的寧靜，刻畫出了生機盎然的生態環境。

除以上一些設計原則外，場館建設還應注重周邊的人文環境。展覽場館的設計和建設必須注重特定空間範圍內的個別環境因素與環境整體保持時間與空間的連續性，形成和諧的對話關係。

會展場館的設計理念要體現會展場館的功能、作用和經濟效益。設計時要根據接待的對象、投資額來確定，設計的標準要根據所建會展場館的等級來確定，設計的最終目的是要使參加者滿意。

三、會展場館的用地

表 7-2 博覽會各組成部分用地平衡表

組成部分	展覽場	娛樂、休息	綠化面積	道路	停車、水面	管理辦公
比例%	30~40	5	≧20	10~20	20~30	2~3
類型	分散	集中	集中	內外環	視情況	集中

從表 7-2 我們可以看出會展場館的總體規劃應注意的事項：

（1）建築會展場館，必須合理用地，因地制宜地控制、安排各組成部分用地。建築涵蓋率宜在 40% ～ 50%。建築密度宜控制在 30% ～ 35% 之間，並應合理布置綠化。

（2）建築內展覽區域一般位於底層。這便於展品運輸及大量人流集散，其層數不應超過兩層。

（3）必須留有大片室外場地，以供展出、觀眾活動、臨時存放易燃展品、停車及綠化的需要。

（4）在總體上應留有擴建的可能性。

（5）館內公共活動區觀眾密度要考慮同時安排兩個以上大型展覽會時的最大日流量值，一般可按 15 平方公尺 / 人控制估算。

（6）展區應位於館內顯要位置，便於人員集散與展品運輸。庫房區應貼近展區，以利運輸，但要與之隔離，避免觀眾穿越。

（7）應做好人流、車流道路分級，場外交通不得穿越其展館區。適當考慮必要的過境交通和場外交通需要的停車場所。

（8）觀眾服務區應貼近館前集散地，且靠近展區。大型觀眾服務設施應自成一體，與展區保持良好聯繫，設有單獨出入口。

（9）要有商務洽談場所及設備先進的商務中心。後勤辦公室與展館可分可合。

（10）展館群體構架應為狹長、分散型，而非集中、聚集型，避免因場館過分集中所帶來的車輛擁擠，難以對其進行有效的集散，這樣既可以使觀眾有效參展，又能夠發揮展館優勢，興辦品牌展會。

四、會展場館的空間模式

會展場館因有著不同的內部需求和外部環境條件而表現出不同類型的布局和構成模式。就空間模式來說主要有以下幾種。

（一）單元空間模式

將主體會展空間劃分成若干單元並有機地加以排列組合，形成規律性的系列空間布局，使之具有很強的獨立性，適用於會議功能為主的會展中心。但這種模式的功能較為單一，使用的靈活性和經濟性不足。

（二）集中空間模式

大跨度的結構形成開敞的內部空間，側重於大型的會議和展覽的使用。大空間可以自由分隔。集中式空間在整個會展場館中占很大的比重，可以形成頗具特色的建築造型。例如日本幕張國際會議中心和屈米設計的法國魯恩會展中心。

（三）多層複合空間模式

由於城市所能提供的建築用地有限，而會展中心的規模變得越來越大，職能也越來越複雜，特別是地處市中心的會展場館，這樣就不得不要求進行縱向發展。這種模式對於每一層的建築面積和結構跨度都有所限制。例如香港會展中心、美國聖地牙哥會議中心。

我們用表 7-3 將會展場館的空間模式做一對比：

表 7-3 場館的空間模式對比

	靈活性、經濟性	功能性	應　用
單元空間模式	低	低	中小型會議
集中空間模式	高	高	大型會議、大型展覽
多層複合空間模式	中	較高	會議、中小型展覽

五、會展場館擴建模式

根據不同的目的，擴建方式可以分為以下三種。

（一）異地重建型

慕尼黑、萊比錫新會展中心均是此類情況。這樣的模式多為近年新建的會展中心。它們往往由政府統籌安排規劃，提供一定的優惠和政策傾斜，並由各級政府和行業協會參股，而且這些會展中心的建設往往還擔負著帶動新區發展、改造城市郊區環境的重任。

如慕尼黑會展中心所在的城市東側的里姆展覽城改造了原有機場用地，改善了交通條件，同時還建設了住宅區、商業區及大面積的綠化，提升了土地的價值。萊比錫會展中心也是在廢棄的工業用地上建設的。從徵集設計方案起，它們就特別地強調周邊區域的規劃設計，特別是會展公園的規劃對於提升相當大區域內的土地價值有極大的帶動作用。而且作為原東德地區城市改造的巨大工程的一部分，會展中心的建設重新確立了萊比錫作為傳統展覽城市的地位，並提升了整個城市的自信心。

（二）在原有場地基礎上擴建或翻新

法蘭克福、科隆和柏林會展中心就採用這種模式。它們逐步拆除老的、不使用的建築而以新的大跨度、大規模、高效率的建築取代，在不斷的建設過程中，應用新的技術，適應新需求，完善了新功能。

如科隆會展中心就在原地將圍院式建築逐步改造為大跨度的展廳，並以連廊將各個展館相連通。再如法蘭克福會展中心，它擁有從 1909 年一直到 2001 年建設的包括穹頂式多功能會堂、超高層辦公樓、大跨度的新型展廳等各類型的建築。其形態清楚地刻畫出多次改擴建的時間痕跡。這樣的擴建投資規模比較小，實施靈活，多以大型展館、連接通廊或主要的入口大廳等內容為主，並由會展中心根據自身的發展需要及籌措資金的情況因時、因地制宜。

（三）上述兩種類型的綜合

其實，這樣的擴建模式也是最為常見的。如杜塞道夫會展中心就是重新選址異地重建，繼而又在規劃場地上不斷擴建以達到目前的規模。再如漢諾威會展中心的建設也是集擴建模式之大成，又利用了世界博覽會的契機，成為目前展覽行業中的巨無霸。就慕尼黑和萊比錫會展中心這樣異地重建的新展館而言，在未來的一段時間內，它們也有計劃地在現有規劃場地內根據發展需要進行擴建。由此看出，德國會展中心擴建的主流是先在用地寬餘的城市邊緣擇址建設新館，並在隨後相當長的時間內持續地擴建和改造。

第三節 會展場館建設可行性分析

一、會展場館建設可行性分析的內容

（一）市場環境分析

市場環境分析是會展場館建設可行性分析的第一步，是根據場館建設立項策劃提出的方案，在已經掌握的各種資訊的基礎的，進一步分析和論證建設會展場館的各種市場條件是否具備，是否有建設會展場館所需要的各種政策基礎和社會基礎。市場環境分析不僅要研究各種現有的市場條件，還要對

其未來的變化和發展趨勢做出預測，使場館建設可行性分析得出的結論更加科學合理。市場環境分析包括：宏觀市場環境分析、微觀市場環境分析、市場環境評價。

（二）會展場館建設項目生命力分析

場館建設項目生命力分析是從計劃建設場館項目的本身出發，分析該場館是否有發展前途。只有具有發展前途的場館項目才有投資建設的價值，分析場館建設項目的生命力是要分析該場館的長期生命力。會展場館建設項目生命力分析包括：項目發展空間分析、項目競爭力分析、建設機構優劣勢分析。

（三）場館建設執行方案分析

場館建設執行方案分析是從計劃建設的場館項目本身出發，分析該場館建設項目立項計劃準備實施的各種執行方案是否完備，是否能保證該建設計劃目標的實現。分析的重點是各種執行方案是否合理、是否完備和是否可行。場館建設執行方案分析包括：場館建設基本框架評估、招展招商和宣傳推廣計劃評估、場館建設進度計劃評估、場館現場管理和相關活動計劃評估。

（四）場館建設項目財務分析

場館建設項目財務分析是從場館機構財務的角度出發，按照國家現行的財政、稅收、經濟、金融等規定，在籌備建設場館時確定的價格的基礎上，分析測算建設該場館的費用支出和收益，並以適當的形式組織和規劃好建設場館所需要的資金。場館建設項目財務分析的主要目的，是分析計劃建設的場館是否經濟可行，並為即將建設的場館制訂資金使用規劃。場館建設項目財務分析的辦法有：財務分析預測、財務效果的計劃和分析、制訂資金規劃。還必須進行價格定位、成本收入預測、盈虧平衡分析、現金流量分析和資金籌措。

（五）場館建設風險預測

風險是在建設場館的過程中，由於一些難以預料和無法控制的因素的作用，使場館建設的計劃和場館經營的實際收益與預期發生背離，從而使場館

建設的計劃落空，或者是即使場館如期建設，但場館有蒙受一定的經濟損失的可能性。一般來說，場館建設可能面臨的風險有四種：市場風險、經營風險、財務風險和合作風險。會展場館要透過對各種風險的評估，採取相應對策，儘量迴避和降低可能遇到的風險。

在對場館建設項目進行了以上各種分析之後，在最後下結論之前，還要對建設會展場館項目的社會效益進行評估。如果透過評估，建設該場館本身的經濟效益和它所帶來的社會效益都是明顯的和可以接受的，那麼，就可以確定建設該場館是可行的，否則，就是不可行的。

完成上述分析以後，就可以形成會展場館建設可行性報告，對場館建設立項是可行還是不可行作出系統的評估和說明，並為最後完善該場館建設項目立項策劃的各具體執行方案提供改進依據和建議。因此，會展場館建設可行性報告還包括以下的內容：

其一，存在的問題。包括透過以上可行性分析中發現的場館建設項目立項策劃存在的各種問題、研究人員在進行可行性分析中意外發現的可能對場館建設產生影響的其他問題等。

其二，改進建議。針對上述問題，提出對場館建設項目立項策劃的改進建議，指出要成功建設場館應該努力的方向等。

其三，努力的方向。根據場館建設的宗旨和目標，在上述分析的基礎上，針對存在的問題，提出要建設好場館所需要具備的其他條件和需要努力的方向。

二、會展場館建設可行性分析報告的格式

會展場館建設可行性報告的格式分為三個部分。

第一部分是對會展場館建設項目進行論證。即對項目進行概況進行分析，分析項目研究的背景，提出發展的條件。

第二部分是論證會展場館建設可行性報告。即對項目進行的必要性和可行性進行分析。具體內容為針對項目建設方案與規模進行分析；對項目實施計劃與投資進行估算；對資金籌措及效益進行分析。

第三部分是撰寫新的會展場館建設可行性報告。即對工程進行招投標，提出綜合評價與建議，形成新的會展場館建設可行性報告。

案例分析

香港會展中心擴建

正當中國某些城市的大型會展中心為暗淡的場館出租前景發愁的時候，香港會展中心推出了新的擴建計劃。

負責此次擴建計劃的香港貿易發展局表示，香港現在已經是亞洲展覽之都，距離世界第一的目標並不遙遠。但進一步發展香港會展業的最大障礙，就是市區展覽設施的不足。在展覽旺季，會展中心的每一寸地方，甚至是原來並非用作展覽的會議室及會議廳，都塞滿展臺。即使這樣，仍有大批公司在等候展位參展。

赴香港特別行政區參加貿易展覽會，是許多中國公司擴大貿易範圍和拓展海外市場的重要手段。如果香港會展中心成功擴建，將可以容納更多的公司參展。因此會展中心的擴建也成為中國企業和會展業界關注的焦點。

香港貿易發展局在會展中心舉辦的貿易展覽會中，有七個規模已經是亞洲之最，甚至名列全世界三甲之列，其他私營展覽商在會展中心舉辦的展覽會，也有數項名列全球三名之內，但都面臨展覽設施不足，展覽規模無法進一步擴大的問題。另一方面，現時全球對香港及內地產品的需求不斷增加。香港有天時地利的優勢，是全球採購亞洲產品，以及向內地推廣的中心。香港的展覽會也因此被公認是全球舉足輕重的採購盛事。其結果是，市場需要香港的展覽會規模繼續擴大，卻嚴重受制於場地設施不足。

解決這個問題的最佳方案就是擴建會展中心。由於填海問題無法解決，政府的灣仔北發展計劃未能落實，會展中心原計劃中的三期工程只得暫緩進

行。但展覽會擴大面積的計劃不能再等，因為香港鄰近城市正積極擴建展覽設施，新酒店一家接一家落成，新航線一天比一天增加，香港正面臨著強勁的區域競爭。現時香港具有優勢的展覽會隨時會離港而去，在其他展覽設施更好的地方舉行。

香港貿發局在「不填海、不加重納稅人負擔、不影響會展中心外觀、不影響會展中心一帶交通」的「四不原則」下，提出了擴建計劃，即重建連接會展中心一、二期的中庭通道，改為兩層的大型展館，落成後可提供 19400 平方公尺的展覽面積。

據香港貿發局委託顧問研究所調查得出，在中庭擴建啟用第一年，可增加 76500 名展覽旅客，會為香港整體經濟帶來額外 14.6 億港元收益，此收益足以抵消工程費用。而據估算，2009 年到 2025 年間，擴建部分可為香港累積帶來 400 億港元額外收益和 92000 個新職位。但如果未能及時擴建，眾多的大型國際貿易展覽會中有一個轉移他地，則香港損失的收益可能高達 4 億港元。

案例思考

1. 香港會展中心為什麼要進行擴建？

2. 結合所學的知識分析場館擴建應該注意的問題有哪些？

第八章 會展場館人力資源管理

▌第一節 會展場館人力資源管理概述

　　場館要維持經營活動的運轉，必須投入人力、物力、財力和資訊等資源，而人力資源則是場館最基本、最重要的資源，只有透過人力資源，才能控制和使用場館的其他資源。場館的財力資源、物力資源、資訊資源的使用和管理必然要受到人力資源素質的影響。人力資源決定了場館其他資源的使用效果和場館經營活動的效果。

　　場館人力資源管理就是科學地運用現代管理的原理，對場館的人力資源進行有效的開發和管理，合理的運用，最大限度地挖掘人的潛在能力，充分調動人的積極性，使有限的人力資源發揮出盡可能大的作用。

一、場館人力資源管理的目標

　　（一）造就一支優秀的工作人員隊伍

　　在廣泛、有效地開發社會和場館中的人力資源，選拔合適人才的基礎上，注重對場館工作人員的培育，透過有計劃的教育和培訓，增進場館工作人員所需要的知識、技能，樹立良好的工作態度，提高工作人員隊伍的綜合素質，造就一支優秀的工作人員隊伍，在數量上和質量上保證場館經營管理活動的正常進行。

　　（二）形成高效、優化的勞動組織

　　根據場館組織的目標，科學合理地設置崗位，明確崗位職責及素質要求，並制訂相應的工作制度作保證，使場館工作人員得以最優的組合，做到職責分明，各盡所能，才盡其用，配合協調，形成一個結構優良、運作高效的勞動組織。

(三) 創造良好的工作環境

認真分析和研究場館工作人員的心理活動規律，充分考慮和滿足場館工作人員的合理需求，透過有效的激勵和領導方法，在場館中形成良好、和諧的人際關係、團隊精神。在這樣的氛圍中，場館工作人員對場館有自覺的認同感、歸屬感並具有強烈的事業心和責任感，敬業愛崗，最大限度地把自己的才智和積極性發揮出來。

二、場館人力資源管理的內容

第一，根據場館的經營管理目標和場館的組織結構制定場館的人力資源計劃。

第二，按照場館人力資源計劃以及場館的內部和外部環境招聘場館員工。場館工作人員的招聘又可採用提升和調動工作的方法，以達到將最合適的人安排在合適的工作崗位上的目的。

第三，為了使每個工作人員勝任其擔任的工作，適應工作環境的變化，必須對場館工作人員進行經常不斷的培訓。

第四，場館管理人員必須掌握調動場館工作人員積極性的理論和方法，增強場館的凝聚力，激勵場館工作人員作出出色的成績。管理人員必須掌握有效的領導方式，運用溝通技巧，採用因人因時的領導方式，達到有效管理，發揮人力資源的最大效能。

第五，成績鑑定是場館人力資源管理效能的回饋，也是對場館工作人員成績、貢獻進行評估的方法。管理人員掌握正確的成績鑑定方法可以對場館工作人員的工作成績作出正確的評估，並為提升、調職、培訓、獎勵提供依據。

三、場館人力資源管理的作用

(一) 保證經營活動順利進行

場館的業務經營活動離不開人和物這兩個基本要素，其中，人是業務活動的中心，是決定因素。要保證場館經營活動的順利進行，首先就必須合理招募工作人員，並科學安排、處理、調整、考評人與人之間、人與事物之間的關係，使之有機結合。

（二）提高場館素質和增強場館活力

場館要想在日益激烈的競爭中獲勝，就必須努力提高場館的素質，增強場館的活力，而場館的素質，歸根究柢是人的素質。場館的活力，其源泉在於場館工作人員主動性、創造性和積極性的發揮。只有加強人力資源管理，才能充分提高工作人員素質，激發主動性和積極性，最大限度地挖掘潛能。

（三）提高場館服務質量，創造良好社會經濟效益

場館服務是場館工作人員憑藉一定的物質條件，向顧客提供各種服務的組合。設施、設備等物質條件是提供服務的依託，是場館服務質量的重要內容，但是場館服務質量的高低的關鍵還在於場館服務人員的素質。因此，服務優劣實質上是場館工作人員素質高低和積極性高低的表現。要提高服務質量，取得良好的經濟效益和社會效益，就必須提高人力資源的管理。

第二節 會展場館人力資源規劃

一、場館人力資源規劃的概述

（一）場館人力資源規劃的定義

人力資源規劃是指場館為擁有一定質量和必要數量的人力，以實現包括個人利益在內的該組織目標而擬定的一套措施，從而求得人員需求量和人員擁有量之間在場館未來發展過程中的相互匹配。場館人力資源規劃包括三方面含義：

第一，從場館的目標和任務出發，要求場館人力資源的質量、數量和結構符合其特定的生產資料和生產技術條件的要求。

第二，在實現場館目標的同時，也要滿足個人的利益。

第三，保證人力資源與場館未來發展各階段的動態適應。

（二）場館人力資源規劃的意義

人力資源規劃是一種戰略規劃，是著眼於為未來的場館生產經營活動預先準備人力，持續和系統地分析場館在不斷變化的條件下對人力資源的需求，並開發制定出與場館長期效益相適應的人事政策的過程。它是場館整體規劃和財政預算的有機組成部分，因而對人力資源的投入與場館長期規劃之間的影響是相互的。

（三）人力資源規劃的目標

第一，得到和保持一定數量並具備特定技能、知識結構和能力的人員。

第二，充分利用現有人力資源。

第三，能夠預測場館組織中潛在的人員過剩或人力不足。

第四，建設一支訓練有素、運作靈活的人才隊伍，增強場館適應未知環境的能力。

第五，減少場館在關鍵技術環節對外部招聘的依賴性。

二、場館人力資源規劃的制定

（一）核查現有人力資源

核查現有人力資源，這是人力資源規劃的第一步。核查現有人力資源關鍵在於搞清楚人力資源的數量、質量、結構及分布狀況。這項工作需要結合人力資源管理資訊系統和職務分析的有關資訊來進行。一個良好的人事管理資訊系統，應該儘量輸入場館工作人員的個人和工作情況的資料，以備管理分析使用。人力資源資訊應該包括以下一些內容：個人情況、錄用資料、教育資料、工資資料、工作執行評價、工作經歷、服務與離職資料、工作態度、工作或職務的歷史資料等。

（二）人力資源需求預測

這可以與人力資源核查同時進行，主要是根據場館的發展戰略規劃和本場館內外部條件選擇預測技術，然後對人力需求的結構和數量、質量進行預測。

在預測人力需求時，應充分考慮以下因素對人員需求數量上和質量上以及構成上的影響。

（1）市場需求、產品或服務質量升級或決定進入新的市場。

（2）產品和服務對於人力資源的要求。

（3）人力穩定性，如計劃內更替、人員流失。

（4）與場館變化的需求相關的培訓和教育。

（5）為提高生產率而進行的技術和組織管理革新。

（6）工作時間。

（7）預測活動的變化。

（8）各部門可用的財務預算。

（三）人力資源供給預測

人力資源供給預測是人力資源預測的一個關鍵環節，只有進行人員擁有量預測並把它與人員需求量相對比之後，才能制定各種具體的規劃。人力資源供給預測包括兩部分：一是內部擁有量預測，即根據現有人力資源及其未來變動情況，預測出規劃各時間點上的人員擁有量；二是對外部人力資源供給量進行預測，確定在規劃各時間點上的各類人員的可供量。

第三節 會展場館管理人員

一、場館管理人員及其工作要求

　　場館管理人員是在由政府、企事業單位、個人或其他組織開設的會議、展覽、體育、文化、娛樂、科技等公眾場所，從事物業、服務、市場、行政等管理活動人員的統稱。

　　場館管理人員主要工作包括：保安、保潔、綠化、採購、諮詢、接待、文祕等基層服務工作；負責策劃物業管理的有關規定、協助場館現場服務管理、管理新開發的項目和制訂部門財務預算、管理宣傳媒介等；負責場館管理項目的策劃和實施，指導和管理物業服務、現場服務，包括市場營銷和人力資源管理等。

　　場館是進行各類政治、經濟、文化、娛樂、體育、科技、休閒等公眾活動的場所，是經濟發達與否及文明程度和形象的體現與反映，2004 年上海各類文博展館總數 64 座，此外新建 10 個科普場館，到 2006 年上海將近有 100 座各類博物館和紀念館，還要再建 20 餘座科普場館，場館高速迅猛的發展產生對人才的需求，每年上海都需數以百計的場館管理人才，培養懂管理、會經營的場館管理人才的任務迫在眉睫。

二、場館管理人員的職業概況

　　場館管理人員應智力正常，身心健康，具有良好的表達能力，善於人際溝通交往。還要具有物業管理、服務管理、市場管理和行政管理工作的能力。據調查統計，目前場館管理人員接受過專業培訓的只占 21.62%；接受過部分培訓的占 78.38%，管理人員總體專業水平不高。被調查單位希望場館管理人員具備的能力排序為專業能力、外語溝通能力、營銷能力、策劃能力、組織協調能力、創新能力等。

　　場館管理員在會展場館（如會展中心、展覽場館、博覽中心等），文化娛樂場館（如大劇院、馬戲城、博物館、藝術中心、美術館、音樂廳等），體育場館（如體育場、網球場、賽車場等），科技公益場館（如科技館、科

技會堂、紀念館、青少年中心、老年活動中心等)等處就業,主要從事物業、服務、市場或行政管理等低、初、中級崗位的管理工作。

中國目前沒有高等院校開設場館管理專業,只有北京聯合大學於 2006 年首次開設體育場館管理專業並招收了學生。此外只有極少數院校開設了《會展場館經營與管理》的課程,社會在這一領域的職業培訓也沒有開始。

1997 年世界場館管理委員會的成立,是該職業發展成為重要職業的標誌。它集結了全世界代表場館行業專業人士及其相關的一系列主要協會。目前的 6 個成員協會為 5000 多個場館經營管理人士提供專業資源、論壇和其他有益的幫助,而這些人士又代表了世界上 1200 個會展中心、藝術演出中心、體育場館、劇院和公共娛樂及會議場所。

2008 年北京奧運會的比賽場館達 36 個,訓練場館 60 多個,上海預計在 5 年內各類場館也要達 300 座,此外還要建百個社區文化活動中心和百個科普教育基地。從北京和上海的場館發展態勢,我們完全可看出中國場館發展和場館管理職業的美好前景。

案例分析

上海展覽業人力資源發展

展覽業的發展與會展管理人才素質關係非常密切。場館需要大量的組織、管理、廣告、宣傳、策劃、公關、工程等工作人員和大量的翻譯、導遊、餐飲、安保、報關、貨運等服務人員。國外展覽城市發展歷史時間較長,擁有大量具有豐富經驗的高素質展覽業專業人才。上海目前跟國外相比,高素質的會展管理人才緊缺。會展從業人員缺乏行業專業知識,而展覽的產品包羅萬象,這就更需要展覽業從業人員要有廣博的知識,對各類產品市場要有一定的瞭解。目前上海缺少優秀的項目經理。現有人員對某個具體的項目運作經驗顯得不夠豐富。

在知識經濟時代,人力資源作為衡量產業實力的重要標誌,知識和創新的源泉也成為競爭的焦點。展覽業界的競爭實際是人才的競爭,沒有一支高素質的人才隊伍,就無法參與國際競爭。上海展覽業的成熟與發展歸根結底

有賴於專業人才的數量與素質。可以利用上海的復旦大學、交通大學、外貿大學等學科和師資優勢開設會展管理的專門課程，培養本系統的專業人才，形成展覽業務的教育基地。還可以借鑑西方國家的有益經驗，比如引進「註冊展覽管理人」培訓方式，引入相應的教材，由展覽行業協會統一組織培訓與交流，為上海的展覽業進一步發展奠定人才基礎。可喜的是上海展覽行業協會已經啟動了這些方面的工作。

案例思考

1. 結合材料分析會展場館人力資源管理的重要性。

2. 談談如何促進中國會展業人力資源的進一步發展。

第九章 會展場館品牌管理

第一節 會展場館品牌的基礎知識

一、場館品牌的定義與實質

（一）場館品牌的定義

場館品牌是一種用於識別場館產品和服務，並使之與競爭者形成差異的名字、規則、標記、符號、樣式或是這些要素的綜合體。

（二）場館品牌的實質

場館品牌可以區別不同場館的產品和服務。品牌是一種行之有效的差異化手段。只有場館的品牌形象和品牌內涵都與競爭場館品牌形成差異，場館品牌才具有生命力。從這個角度來講，場館品牌的實質就是差異化。差異化使得不同的場館的品牌具有不同的定位和個性。品牌定位的關鍵目標，就是找出能和場館客戶產生共鳴的優越點，然後在此基礎上賦予產品生命和個性，達到在眾多場館品牌中引起顧客注意、與顧客溝通的目的。

（三）場館品牌的特性

場館品牌都有一個屬於自己的形象，目的是方便客戶識別和記憶，並與場館競爭品牌加以區分。場館品牌形象的一個重要評價因子就是品牌識別，它可以分為外部識別和內部識別，前者主要是顧客透過感官對品牌形象加以認識，後者主要是顧客透過體驗對品牌內涵加以認同，兩者分別衍生出品牌知名度和品牌認知度兩個重要概念。

品牌知名度。場館品牌知名度是指潛在的顧客認出或記起場館品牌的能力。客戶來參展或參觀的決策過程是從認識場館品牌開始的，只有認識了品牌，才有可能來參展或參觀，甚至最終成為忠實的顧客。提高品牌知名度的方式主要是宣傳，常用的手段有宣傳廣告。

品牌認知度。場館品牌認知度就是顧客對場館品牌內涵的全面、深入理解。場館要告訴顧客自己的品牌可以為他們帶來哪些價值，並為他們參展參觀提供值得信服的理由。提高品牌認知度的方式主要是體驗，常用的手段有公共關係、互動、試用等活動，以此來加深客戶對品牌內涵的理解和認同。

場館品牌的上述特徵也為場館品牌管理提供了一個基本邏輯，也就是場館可以透過廣告宣傳、公關活動等方式，提高場館的知名度，但更重要的是，需要透過不斷優化場館的平臺作用、提升場館服務質量和增加附加價值來提高顧客對場館的認知度。

二、場館品牌的種類和功能

按照不同的標準，品牌可以劃分為不同的種類。

（一）按照品牌的知名度劃分

按照品牌的知名度的輻射區域，可以將其劃分為國際品牌、中國品牌、地區品牌和當地品牌。

國際品牌是指在國際市場上有較高知名度的品牌。例如漢諾威博覽中心。漢諾威是德國薩克森州首府，北德重要的經濟文化中心。它瀕臨中德運河，位於北德平原和中德山地的相交處，又處於巴黎到莫斯科、北歐到義大利的十字路口，是個水陸交通樞紐，這為當地會展業的發展提供了重要的自然條件，因而漢諾威市被譽為「世界會展之都」。它承辦過兩屆世界博覽會，擁有世界上最大的展覽場館——漢諾威博覽中心，世界十大展覽會中的五個在漢諾威舉辦。而從另一個角度來看，漢諾威展覽業的發達又和這裡的一個展覽公司——漢諾威展覽公司的業務拓展有著必然的聯繫。

中國品牌是指在中國國內市場上有較高知名度的品牌。中國品牌根據場館的專業性程度的不同又可分為兩種類型：一種是專業性強的品牌。這類品牌僅為參展商和專業觀眾所知，而鮮為一般觀眾所知。另一種是普通型的品牌，這類品牌是被廣泛認知的。

地區品牌屬於省一級的品牌，是指省內品牌，也享有一定的知名度。地區品牌產品在地區具有一定的市場，這一地區對該品牌的特色產生了認同感。

當地品牌是指一個縣城範圍內的品牌。對其他縣來說，沒有知名度，而被本縣人所熟知。

（二）按照品牌的持續時間劃分

根據品牌持續時間的長短，可以將其劃分為短期品牌、長期品牌和時代品牌。

短期品牌是指品牌持續的時間非常的短。這類品牌往往由於一個偶然的機會，其知名度會猛然提高，但隨著時間的推移，經營者沒有新的經營方式推出，或者會展場館本身的缺點日漸暴露，參展商和觀眾會漸漸地淡忘它們，會展場館也因為長期效益不好，而被拆除或挪為他用。

長期品牌是指持續時間在兩年以上的品牌。這類品牌如同產品一樣，也經歷了上市期、成長期、成熟期和衰退期等階段。在它的上市期和成長期的時期，引起了參展商和觀眾的興趣，進而獲得了他們一定的認同，在市場中占有一定市場份額。

時代品牌是指能在一個時代相當的時期內獲得認同的場館品牌，是獲得廣泛認同和知名度的品牌。它是在會展場館中處於發展前沿的，獲得政府支持、社會輿論推崇、一般觀眾都熟知的會展品牌。

（三）按照品牌的來源渠道劃分

根據場館品牌的來源渠道不同，可以將其劃分為自有品牌和外來品牌。

自有品牌是指本國自身創造並一直發展的場館品牌。

外來品牌是指由國外品牌移植到國內的場館品牌。國外移植的場館品牌擁有強大的品牌優勢，一般在國際上的知名度相當高，是規模、質量的保證。

三、品牌的功能

品牌內在的功能主要表現在以下幾方面。

（一）識別功能

品牌可以減少參展商和專業觀眾在選擇場館時所花費的時間和精力。在市場營銷中，參展商和觀眾對品牌產生一種整體感覺，這就是品牌認知。品牌是一種無形的識別器，它的主要功能是減少參展商和專業觀眾在選擇場館時所花費的精力和時間。品牌的識別功能主要體現在以下方面：

1. 品牌是場館的標誌

參展商和專業觀眾在選擇會展場館時，面對琳瑯滿目的會展場館，他們的參展行為首先表現為選擇、比較。而品牌在參展商和專業觀眾的心目中是場館的標誌，它代表著場館的品質、特色。因此，品牌縮短了參展商和觀眾的參展選擇。

2. 品牌是場館的代號

不同的產品具有不同的品牌。這些品牌通過註冊後，受到法律的保護。場館在設計品牌時，要求品牌能充分體現場館的經營特色，有利於塑造良好的場館形象。因此，品牌在參展商和觀眾的心目中代表著場館的經營特色、質量管理要求等，從而在一定程度上就迎合了參展商的興趣偏好，節省了參展商和觀眾選擇場館所花費的精力。

（二）保護參展商和觀眾的權益的功能

由於品牌具有排他的特徵，品牌中的商標通過註冊以後受到法律保護，禁止他人使用。如果場館質量有問題，參展商就可以根據品牌溯本求源，追究經營者的責任，以保護自己的正當權益不受侵犯。

（三）促銷的功能

品牌的促銷功能主要表現在兩方面：

首先，由於品牌是場館品質的標誌，參展商和觀眾常常按照品牌選擇產品，因此品牌有利於引起參展商的注意，滿足他們的需求，實現擴大場館銷售的目的。

其次，由於參展商往往依照品牌選擇產品，這就促使場館經營者更加關心品牌的聲響，不斷開發新產品，加強質量管理，樹立良好的場館形象，使品牌經營走上良性循環的軌道。

（四）增值的功能

品牌是一種無形資產，它本身可以作為商品被買賣。著名的場館品牌具有很高的品牌價值，場館經營者都意識到品牌是一種資產。場館品牌給場館帶來了收益，增加了場館的價值。場館品牌滿足了參展商和觀眾的心理需求，迎合了他們追求品牌的偏好，為場館帶來了豐厚的收益。

第二節 品牌場館的界定與品牌資產

一、品牌場館的界定

（一）高效益品牌會展場館的評估體系

表 9-1 公眾對一個成功會展場館的評估標準

	北 美 洲	亞太地區及歐洲
經濟效益貢獻	73%	81%
會展活動項目數量	55%	62%
設施使用率	45%	50%
觀眾及與會人士數量	45%	50%
可供本地節目使用程度	18%	42%
稅收增加程度	27%	12%

由表 9-1 可見，公眾對會展場館各方面都有著一定程度的要求，更不用說塑造一個高效益的品牌會展場館的難度了。但為了贏得大批的客戶，我們又不得不從各方面苛刻的要求中找到一個完美的平衡點與融合點，打造完美的品牌會展場館。

（二）品牌場館的界定

所謂品牌場館是指具有一定規模和知名度，能反映場館先進技術、產品和市場的發展動態及趨勢，在同類場館中起指導作用並具有較大影響力的場館。對於場館而言，品牌是一種無形資產，這種無形資產往往可以轉化為有形資產，甚至可以創造出更多的價值。

從上面公眾對一個成功會展場館的評估標準，可以歸納出構成品牌場館的幾個要素：

（1）代表了現代場館未來發展趨勢；

（2）努力尋求規模效應；

（3）能提供專業化的服務；

（4）參展商和觀眾的忠誠度高；

（5）能產生較好的經濟價值和社會價值；

（6）有權威協會和行業領導者的堅強支持；

（7）具有強有力的品牌宣傳效應。

（三）品牌場館的競爭優勢

場館品牌戰略最重要的是要展現給顧客一個完整的品牌形象並保持獨特的競爭優勢。場館品牌越具有特色，就越會有優勢。

對於場館而言，品牌競爭力是指場館擁有區別於其他場館的、能在各場館中獨樹一幟的、能夠引領本地區場館發展趨勢的獨特能力。構成品牌場館獨特優勢的關鍵因素有：

（1）規模效應：將會產生更多的資訊交流和交易的機會；

（2）服務優勢：將會形成更多的需求滿足和增值服務；

（3）效率發展：將會降低時間和成本支出；

（4）影響擴大：將會提高市場參與能力和顧客忠誠度。

二、場館品牌資產

場館品牌資產是場館透過精心策劃和長期投資，逐步被市場和客戶認知和認可，具有很高市場知名度和客戶忠誠度的一種很難被競爭者複製的資源。

作為場館最核心的競爭力，場館的品牌資產主要由場館的品牌形象、品牌知名度、品牌忠誠度和品牌承諾四個部分組成。場館資產的價值表現在：

（1）它是場館高定價的基礎，它展現的是場館的一種獨特的實力；

（2）它能夠在日益激烈的競爭環境中留住老客戶並增加新客戶；

（3）它能夠形成持久的競爭優勢，從而立於不敗之地；

（4）它能夠給參展商參展和觀眾參觀以足夠的信心；

（5）它能夠促進場館品牌的延伸和擴張。

▌第三節 會展場館品牌的塑造

一、場館品牌塑造的步驟

場館品牌塑造可以分為場館經營自我加壓和會展品牌逐漸建立兩個階段。

（一）場館經營自我加壓階段

會展場館發展必須走內涵式、質量效益型的發展道路，改變單純的數量擴張，低水平重複辦展辦會的狀況。對此，「加壓」主要體現在以下幾個方面的提高：

1. 會展場館周邊應該具有良好的配套服務設施

會展的一大特點是週期短、時間要求嚴。如果沒有良好的配套服務設施，就不能按時完成布展撤展工作，無法保證會展按時周轉。因此，需要配備相關配套設施，主要有餐飲、娛樂、休閒、住宿、辦公、郵電等。

2. 會展場館所在位置應交通便利

在進行會展活動時會產生大量的人流和物流，要保證在一個相對集中的時間和空間內這種人流和物流能快速的移動，需要會展場館的周邊有便利的交通運輸條件。

3. 時刻樹立會展場館服務觀念

要求會展場館的管理人員必須堅定地樹立質量是會展場館的生命線的思想，努力提高會展場館的服務質量。會展場館的經營目標能否達成，會展場館的信譽和經濟效益能否提高都取決於服務。會展場館的服務質量往往表現在與顧客的直接接觸中，因而，其服務質量一方面取決於服務水平，另一方面取決於服務精神和服務態度。而且後者比前者更為重要。因此，提高會展場館的服務質量，不僅要不斷提高工作人員的技術水平，還要注意提高素質和對服務質量的認識，培養全心全意為顧客服務的精神，樹立「顧客第一」的思想。

4. 不斷加強會展場館的管理

要求場館引進中外管理優勢，提高管理水平；學習國外的經驗、品牌經營方式以及人才優勢，引進優秀人才和先進技術理念，解決有經驗的專業管理人才供應不足的問題，積極帶動培養本地專業人才。同時注意吸引眾多海外企業的注意力，力爭贏得國際會議中心的聲譽。

（二）會展品牌逐漸建立階段

1. 主觀努力方向

積累會展場館的品牌資產，擴大會展場館的品質認知度

所謂會展場館的品質認知度，就是指會展場館的目標參展商和觀眾對會展場館的整體品質或優越性的感知。品質認知度使參展商和觀眾對會展場館作出是「好」還是「壞」的判斷，對會展場館的等級作出評價。擴大品質知名度，對於會展場館的發展具有重要意義。它可以為參展商和觀眾提供一個參會參展的充足理由，是會展場館被優先考慮的因素；可以使會展場館的品

牌定位能獲得認同，提高參加會展場館的積極性，有助於會展場館營銷工作的展開，還可以擴大會展場館的競爭優勢。具體又可細分為：

（1）權威協會和代表企業的堅強支持。

這些條件無形中增加了場館的聲譽和可信度，由於行業協會的參與，參展公司的有效協調，實現優勢互補，保證了場館的高質量運營。

（2）努力尋求規模效應。

一般來說，知名場館都具有較大的規模，這樣才能產生規模效應。但是也要注意品牌場館的另一個明顯特徵在於其規模適中。

（3）代表行業的發展方向。

代表行業的發展方向是品牌化的重要標誌，它體現了場館的專業性和前瞻性。這類場館有明確的目標市場定位，並能提供幾乎涵蓋某個專業市場的所有資訊。

（4）獲得 UFI 的資格認證。

UFI 是國際博覽會聯盟的英文縮寫。以其較為成熟的資質評估制度為支撐，那些已經或正在接受認證的場館就更容易發展成為名牌場館。

（5）長期規劃，不可急功近利。

培養一個品牌場館並不容易，場館必須堅持品牌戰略方針，從短期的價格競爭轉向追求附加值及無形資產的長期增長，用先進的品牌營銷策略與品牌管理理念搶占場館市場的制高點。

2. 客觀努力方向

顧客品牌忠誠度的培養。顧客忠誠度就是以企業獨特的吸引力和優質的產品或服務促使顧客長期購買該企業產品或服務，使顧客忠於該企業，成為忠實的購買者。

這就是參展商和觀眾對會展場館的品牌的感情程度，它使參展商和觀眾從一個品牌轉向另一個品牌具有可能性。參展商和觀眾對一個會展場館的品

牌忠誠度越高，他們就越趨向於該會展場館，否則，就有可能去參加其他的會展場館。

品牌忠誠度是會展場館最核心的資產，也是會展場館的核心目標之一。擁有對會展場館具有品牌忠誠度最多的參展商和觀眾的會展場館，必將成為該行業中最為著名和最具影響力的會展場館。

成功案例

漢諾威博覽中心

漢諾威是德國薩克森州首府，北德重要的經濟文化中心。被譽為「世界會展之都」。它承辦過兩屆世界博覽會，擁有世界上最大的展覽場館——漢諾威博覽中心，世界十大展覽會中有五個在漢諾威舉辦。而從另一個角度來看，漢諾威展覽業的發達又和這裡的一個展覽公司——漢諾威展覽公司的業務拓展有著必然的聯繫。

博覽中心擁有設備完善的、歐洲最大的兩個專用客運火車站，還有專用的貨運站。貨運站設有能裝卸重型貨物的設備，並且有多條支線直通各展覽大廳。有分別連接著飛機場和火車站的兩條地鐵線路，可直達博覽會北面入口。這個博覽中心的停車場可停放 5 萬輛汽車，場內還有一個直升機場。一到這個城市，市內的交通就為展覽大開綠燈，開設專線地鐵，觀展人士甚至還可以坐直升機到達展館。

除完善的硬體設施外，漢諾威在展會的組織和服務等「軟體」方面也有口皆碑。它們很注重為展商和觀眾提供一本冊子或一本書，內容不僅包括歷年展會的情況回顧，而且還介紹整個歐洲甚至整個世界某個行業的發展趨勢和動態，同時涉及參展費用、裝修費用等資訊。一些宣傳材料中僅酒店介紹就長達五六頁，羅列上百家不同等級的酒店供挑選，並詳細介紹價格、優惠幅度等情況。

二、場館品牌管理戰略

（一）樹立品牌觀念

培育會展場館的品牌，首要的一點就是使經營者與管理者樹立牢固的品牌觀念，認識到場館只有走品牌化的發展道路才是快速發展的唯一途徑。只有樹立了這樣一種品牌觀念，才能從場館的設計、場館的項目立項、場館的規劃、場館的組織與管理、場館的對外經營、場館的服務等方面來實施場館的品牌化發展。同時，我們必須認識到，創建場館的品牌是一個長期的過程，需要場館經營者、管理者制定長期的場館發展規劃，確立場館的品牌發展戰略。

（二）有效整合場館資源

為了打造強勢品牌，場館還應該充分利用各種資源。要對場館資源進行先進的技術手段分析、整理並加以綜合利用。要培育具有競爭力的品牌，離不開專業協會、具有領導力的場館以及具有影響力的宣傳等多方面的努力。因此，場館應透過積極參與、廣泛合作、尋求代理等方式，最大限度地活絡場館資源，為場館的運作和管理服務。

（三）重視市場研究

場館品牌要想得到市場的認可，必須要滿足客戶的需求，要深入研究場館市場狀況，準確把握潛在參展商和專業觀眾的需求。只有得到市場認可，場館才能得以持續發展和壯大。

（四）全面提高場館的專業水平

專業化是打造品牌場館的基本原則。專業化能夠形成差異化，差異化才能形成場館的競爭優勢。專業化可以使場館在市場細分的基礎上，更好地把握顧客的需要。場館的專業化水平提高能促進場館品牌化發展。

（五）必須提升場館品牌的質量

場館會因為不同的發展歷史和經營特點而形成不同的品牌，在質量上也有高低的差異。場館的發展應該是追求名牌化的發展，必須不斷提高場館的品牌質量。場館品牌的提升主要從硬體和軟體兩個方面入手。場館的硬體設施是影響品牌質量的一個重要因素，國際上著名的會展場館所使用的設備也往往是最先進的。因此，要實現場館品牌質的飛躍也要求場館經營者加大投

入，為場館適時地更新硬體設備。而場館的軟體實際上指的是場館的專業服務水平，一方面場館要加大專業人才的引進力度，另一方面場館應該積極加入國際性的場館管理組織，透過各種途徑實現場館的服務與國際接軌。

（六）必須拓展場館的品牌空間

場館品牌的空間具有三維性，也就是具有時間軸、空間軸、價值軸。時間軸是指場館品牌影響力會隨著時間的延續而不斷發散和擴張。因此我們必須盡力延長場館的時間軸，使場館的影響力持續長久。空間軸是指品牌在地域上的擴張。場館為了進一步發展，不能夠僅僅局限在一定地域上，必須拓寬空間範圍。價值軸是指品牌作為場館的無形資產，其經濟價值的含量是可以增加的，場館品牌價值的提升實際上也為場館品牌在時間上和空間上的拓展創造了條件。

因此，場館要靈活運用各種經營方法和手段，盡力擴大場館品牌在時間、空間上的影響力，並最終實現場館品牌價值的提升。

（七）必須打造網路品牌

隨著新世紀的到來，人類社會的發展步入了資訊時代，網路日益成為人們生活的第二空間，成為現代社會資訊交流的一個重要平臺。會展場館應該充分利用網路的資訊資源優勢，打造出知名的場館網路品牌。而網路品牌的建設主要應從場館的網路形象塑造、網路平臺建設以及開展場館網上營銷等方面進行。

場館的網路形象是由場館的名稱、標誌圖案和附屬內容所構成的複合體。網路形象最終需要借助於網頁來表現，否則人們無法認知這個網路品牌。因此，場館要在互聯網上借助場館網站的建設，樹立場館良好的網路形象。

此外，借助網路優勢開發出形象、生動、交互性能良好、功能強大的網路平臺將大大地加快場館的網路品牌的建設。網路品牌的締造也同樣離不開對品牌的宣傳和推廣。

案例分析

廣交會展館為培育廣州展覽市場作出了獨特貢獻

廣交會展館在華南地區有著獨特的地位。它是當地最大的展館,任何其他展館,即使是新建成的展館,在設施上更為先進,在規模上更為龐大,也無法與廣交會展館相比。因此當地所有大型展覽,尤其是 2 萬平方公尺以上的大型展覽,只能選擇在廣交會展館舉辦。這個特點給了廣交會展館以機會,不僅是多出租展場、多創效益的機會,也是調控市場、培育展覽的機會。近年來中國展覽業無序競爭現象嚴重,影響了展覽業的健康發展。尋找有效手段以規範展覽市場,促進行業有序發展已成為展覽界的共識。廣州展覽業的基本狀況與各地情況並無二致,為了變無序為有序,廣交會展館承擔了培育市場的責任。具體做法有多種:對常年舉辦的品牌展覽予以合適的排期、優越的場地位置、優惠的價格;對同題材的其他小型展覽予以限制,凡 2 萬平方公尺以上已成熟的展覽,不再接受同題材展覽租用場地。而對目前規模雖然不太大,如 4000 ~ 5000 平方公尺的展覽,只要其有發展潛力,同樣予以積極扶持。扶持的前提是要對扶持對象有充分的瞭解,為此廣交會展館投入相當的人力物力進行調研,瞭解辦展機構的實力、展覽題材與本地產業發展的關係狀況、預期前景如何等。扎實的市場調研使廣交會展館能將調控市場、培育展覽的經營策略與謀求未來更大發展的經營目標結合起來,保證在調控的同時不妨礙正常競爭,在當前利益與長遠利益之間能作出科學的決策。

顯然,拒絕接納部分小型展覽會直接影響到廣交會展館的收入,廣泛深入的市場調研需要相當的費用支出,從短期來看是得不償失,但廣交會展館卻認為,一個企業一定要有可持續發展的思路,必須能對短期利益和長期利益作出精確的預計和理性的抉擇,以一貫的經營策略實現自身的追求目標。事實上,廣交會的努力已收到了成效。近年來廣州大型展覽已穩步增加,上萬平方公尺的大展已由 1997 年的 9 個增加到 2000 年的 18 個,這與廣交會展館苦心規範市場,培育大型品牌展覽的努力分不開的。廣交會的做法,為廣州展覽業提供了有序的經營環境。

案例思考

1. 廣交會展館是怎樣發揮其品牌展館作用的？

2. 結合材料分析中國場館該如何打造品牌場館。

第十章 會展場館風險管理

▌第一節 會展場館風險管理的基本內容

一、場館風險管理的概念

場館風險管理就是指場館為了預防風險的發生或者減輕風險所帶來的損失並盡快從風險事件帶來的打擊中恢復過來而對風險進行的管理。從這裡可以看出，場館風險管理的對象就是那些可能發生的風險事件，風險管理的目的就是要儘量避免風險的發生，或是當風險難以控制地發生後儘量減少風險發生的損失。

二、場館進行風險管理的必要性

（一）是確保場館正常運行的有效措施

對場館進行風險管理，可以對一些可控的風險提前進行有效的預防，對一些不可避免的風險進行評估，分析它們發生的概率以及它們一旦發生對場館可能帶來哪些影響，在此基礎上採取必要的應對措施，最大限度地保證場館的正常運行。

（二）是確保場館安全舉行的有力手段

對場館進行風險管理，可以有效地防止和應對場館現場可能發生的各種事件，保證場館的正常運行，如果缺乏場館風險管理意識和風險管理準備，一旦突發風險事件，會展場館就會陷入混亂，就會措手不及，場館的安全以及正常的經營就會受到嚴重影響。

（三）能最大限度地減少場館的損失

對場館進行風險管理，能對一些突發風險有一套預防措施，可以將場館的損失減少到最低限度。

（四）是對顧客高度負責的具體體現

顧客是場館最重要的資產，對客戶負責、使顧客滿意是場館一直以來不懈的追求，場館要儘量努力為各種客戶營造一個安全的環境。基於對顧客高度負責的精神，場館有必要對場館進行有效的風險管理，將風險消滅在萌芽狀態。對一些不可控的風險，場館也要時刻為顧客的利益著想，努力採取措施儘量減少顧客遭受的損失。

三、場館風險的種類和來源

一般來說，場館可能面臨的風險有四種：市場風險、經營風險、財務風險、合作風險。

（一）市場風險

市場風險是指那些由市場和社會宏觀環境所產生的對所有的場館都可能產生的風險。比如戰爭、自然災害、瘟疫、經濟衰退、通貨膨脹、恐怖襲擊等。這類風險涉及所有企業，又稱為「不可分散風險」或「系統風險」。對於這類風險，場館僅靠自身的力量很難控制，也很難抵擋它們給展會帶來的不利影響。場館只能採取一些措施對它們進行預防和規避，或者將它們對場館的不利影響降低到最低限度。

市場風險一旦發生，就會給場館帶來災難性的影響。為了迴避和降低市場風險，場館在舉辦展會之前，要對相關的政治經濟環境進行研究，對有關風險進行預測和預防，慎重選擇時間，儘量安排在較安全的時間進行辦展，以減少上述「不可抗力」對場館造成的不利影響。

（二）經營風險

經營風險是指因場館經營方面的原因給場館帶來的不確定性，比如宣傳推廣效果不佳、人力資源及人員結構不適合、出現新的競爭者、管理不善、場館服務質量出現問題等。經營風險不像市場風險那樣不可抗拒，如果提前預防，很多經營風險是可以控制的，也是可以消除的。經營風險一旦出現，很容易給相關場館的市場聲譽造成傷害，並嚴重影響它們的形象。

（三）財務風險

財務風險包括籌措資金給場館財務成果帶來的不確定性和辦展機構資金投入所帶來的不確定性。如果場館透過舉債的方式籌措資金，由於種種原因，場館息稅前資金利潤率和借入資金利息率之間具有很大的不確定性。這種不確定性會使場館自有資金的利潤率變化無常。如果息稅前利潤還不夠支付利息，場館就有發生虧損的風險。另外，場館投入的各種資金能否按期如數收回，也有一定的風險。

對於財務風險，場館可以透過維持一個合理的資金結構，或者慎重選擇投資項目等措施來進行規避和降低該風險。

（四）合作風險

合作風險是指場館與場館之間、場館與辦展機構之間、場館和各服務商以及各營銷中介之間，在合作條件、合作目標和合作事務各環節上可能出現的不協調、不一致帶來的不確定性。合作風險的出現，不僅會影響到場館、辦展各有關單位、機構、各展會服務商和各場館營銷中介之間的合作，還會給場館本身、場館服務以及場館的形象等方面造成不良的影響。

場館可以透過細化合作條件、明確各合作單位的權責利、與各單位進行積極的溝通和協調等多種方式來消除和降低合作風險。

對於以上的各種風險，場館首先要評估它們存在的可能性有多大，並評估一旦它們發生，對場館可能造成哪些影響，場館是否可以規避或者克服這些風險以及它們所造成的影響。另外，有些風險場館無法控制，只能規避；有些風險則可以透過有效措施來進行積極預防和消除。

四、場館風險的特點

（一）突發性

很多的風險是突然發生的，場館對其發生以前的變化過程有時毫不知情，比如場館裡突然發生火災等。場館風險的突發性特點，要求場館在進行經營活動時，必須做好場館風險管理，做到有備無患。

（二）破壞性

場館風險一旦發生或者即將發生，就會出現失控、混亂、無序和無規的局面。如果風險沒有得到有效的預防和控制，風險可能會給場館造成巨大的損失。場館風險的破壞性特點，要求場館在進行風險管理時，必須盡可能控制事態的發展，儘量把損失控制在一定範圍內。

（三）緊迫性

場館很多風險不但突然發生，而且會很快蔓延。如果沒有得到有效控制，風險所造成的損失將會越來越大。在場館風險管理中，時間非常緊迫。場館風險緊迫性特點，要求場館在進行風險管理時，必須要在最短的時間內對場館風險作出正確的反應。

（四）不確定性

人們很難判斷場館風險事件發生的時間和地點，也很難預測它的規模和範圍，這使場館風險的發生具有很大的不確定性。面對場館風險的不確定性，場館在進行風險管理時，要進行科學的預警和有效的監控。

（五）資訊不充分

場館風險發生後，會使得場館中的情況錯綜複雜，各種資訊真偽難辨，使場館風險管理所需要的資訊很不充分。場館風險的這一特點，要求場館在進行風險管理時，要進行有效的資訊溝通。

（六）資源缺乏

要阻止風險的蔓延，場館要花費很多的人力和物力。如果場館對風險管理的準備不足，一旦風險事件發生，在資源備用上就會遇到很大的困難。場館風險這一特點，要求場館在進行風險管理時，必須注意合理調度物資和安排人員。

第二節 會展場館風險管理的程序

一、風險預防

風險預防就是在場館風險發生前對可能發生的風險進行預警和預防，透過捕捉場館風險事件可能發生的蛛絲馬跡，分析風險事件發生的可能性，針對風險可能發生的概率制定不同的預防措施。風險預防對場館風險管理來說是一條既簡便又經濟的辦法，可以將風險事件消滅在萌芽狀態。

場館應該選擇那些發生概率大、後果嚴重的事件，進行重點預防。因此，構築預防體系要解決好兩個問題：一是選擇重點預防對象；二是構築完善的預防體系。

一個完善的預防體系一般由以下四個部分組成：

（1）經濟和技術措施。如監督、檢查、立法、環境監視等。

（2）與外部保持良好的溝通。如建立早期預警體系，協調與政府的關係等。

（3）改進內部工作。如安全衛生、改進工作場所設計、改進場館設施、強化檢查、完善領導等。

（4）組織內部的心理防範機制培育。如內部通報、員工教育等。

二、風險準備

為場館風險管理做好準備，主要工作包括制訂風險管理行動計劃、建立溝通機制、配備和檢查通訊設備、開展消防演練等。其中場館的內部資訊交流和溝通以及外部的溝通十分重要，沒有很好的資訊交流和溝通就沒有有效的風險管理。

三、風險識別

風險識別就是指在風險剛剛出現或出現之前，就予以識別，以準確把握各種風險信號及其產生原因。會展場館如不能準確、全面地認識場館可能面

臨的所有潛在損失，就不可能及時發現和預防風險，難以選擇最佳處理方法。這個階段的關鍵是找出風險的本質和真正根源。風險主要識別的方法有：

（一）現場觀察法

即透過直接觀察場館的各種生產經營設施和具體的業務活動，具體瞭解和掌握場館面臨的各種風險。

（二）財務報表法

即透過分析資產負債表和經營報表中的每一個會計科目，確定某一特定場館在何種情況下會遭致什麼樣的潛在損失及其成因。由於每個場館的經營活動最終都要涉及商品和資金，所以這個方法比較直觀、客觀和準確。

（三）詢問法

向場館經營者提出一系列風險諮詢問題，以加強其對場館可能蒙受的損失的系統認識，促使其收集和分析場館經營活動和財產的專門資訊，並制訂系統的風險管理對策和計劃。

（四）業務流程法

即以業務流程圖的方式，將場館全程的業務經營過程劃分為若干環節，每一環節再配以更為詳盡的作業流程圖。據此，確定每一環節將面臨哪些風險損失及其概率大小，並對關鍵環節進行重點預防和處置。

（五）內部交流法

即透過與場館各部門有關人員的廣泛接觸和資訊交流，全面瞭解各部門風險發生情況，以發現被遺漏或忽視的風險，提高各部門在風險管理中的協同能力。

（六）案例分析法

即在預測未來可能出現的風險的基礎上，從過去的風險管理實踐中尋找相似的案例和經驗，吸取有關教訓，並以此作為制定對策的主要依據。

（七）諮詢法

即以一定的代價委託諮詢公司或保險代理人，進行風險調查和識別，並提出風險管理方案，供經營者決策參考。經營者如能將自己的調查分析與之對照，則效果更佳。

上述方法各有優缺點，經營者必須依據場館的業務特點、環境變化和經營需要，對其作出適當的選擇和組合。

四、風險控制

（一）迴避策略

透過放棄某種利益達到迴避風險的目的，如場館計劃開發某種新產品，但又發現自己缺乏安全和環境保護的能力，可能導致產品責任或環保責任索賠，於是決定放棄該計劃。迴避策略的實質在於迴避風險源，進而避免可能產生的潛在的損失，當然場館也可能因此而失去獲取某些利益的可能性。

（二）減弱策略

透過減少風險發生的機會或減弱損失的嚴重性，以控制風險損失。減弱策略的作用總是有限的和相對的，因為任何經營活動都將不可避免的伴有程度不同的風險，除非場館終止任何生產經營活動。因此，場館總是在追求預期利益的同時，儘量將損失減至最低程度。實施減弱策略，不僅要有技術力量、人員和法律方面的保障，而且在經濟上也必須是可行的，即預期收益大於或等於預期成本，否則，就不宜採用此項策略。減弱策略的運用可以擴大到場館的各個風險領域，其具體辦法也可謂層出不窮。例如，為了防止場館火災，可引入一系列措施，如採用防火阻燃材料，安裝自動預警系統，配備滅火設備，採用安全疏散通道設計，頒發裝修實施許可證等。

（三）分離策略

對於場館可能面臨損失的風險對象進行空間分離，以免遭受同樣損失。例如，可將易燃易爆物品與一般商品分割開來，單獨存放保管，以減少一次事故的最大預期損失。

（四）分散策略

透過增加場館控制下的風險單位的數量，以分散風險，增強場館抗風險能力，如擴大場館的經營規模，形成大批量的規模生產能力，投資領域分散化，多種經營，產品差別化，國際化經營等。

（五）轉移策略

透過將風險損失轉移給他人的做法，控制風險損失。轉移的途徑主要有以下三種：

（1）將擔有風險的財產或生產經營活動轉移給他人，如建築承包商實施項目分包，出售二手設備等。這種轉移可以消除場館的潛在損失，因為它將風險同時轉嫁給了對方。

（2）風險財務轉移。風險財務轉移主要是透過簽訂合約和提供保證書來實現的。需要注意的是，儘管風險財務轉移方式得到了普遍的應用，但仍帶有很大的局限性，因為合約條款及其文字的法律解釋和理解，往往存在很大的差異，對方的執行和法院的裁決常會出乎場館預料之外，造成極大的被動。

（3）參加保險。保險是由保險公司對場館經濟損失提供的賠償。對場館來說保險是一種極其重要的風險轉移機制和方法，透過參加保險，實現完全風險的轉移。投保對場館的風險控制的作用是多方面的，如補償因不測事件造成的意外損失；消除經營者因恐懼和焦慮引起的身心緊張；鼓勵對新產品的投資；提高場館和社會資源的利用率；改善中小場館尤其是小場館的競爭環境，使風險變得更容易預期和對付等。

上述風險控制策略各具特點和運行條件，相互之間可以結合運用和互補。經營者宜根據實際情況，對其實施整體組合。

五、風險事件解決

解決風險事件，速度是關鍵，一旦事件蔓延到更廣的範圍便難以處理。因此，一旦風險發生，場館就應該迅速啟動風險管理機制，並盡快採取正確的處理措施。

六、風險總結

場館風險管理的最後一個階段就是總結經驗教訓。場館應該對風險管理的每個階段進行總結，以便場館能夠正常運行。

▋第三節 會展場館建設使用風險管理

一、場館建造前的風險管理

隨著會展業的發展，許多城市都擁有了自己的會展場館，有些城市甚至把會展場館作為其城市的標誌性建築，建得越豪華越漂亮越好。這種盲目的建造會展場館不僅浪費土地資源而且還浪費了大量的財力、人力和物力，可能建完後根本不適合舉行會展，最後只剩下一個空殼作為擺設。這說明中國許多地方在建設會展場館前存在一些造成風險的誤區。

（一）場館建設前的資金投入

建造一個會展場館所需的資金是巨大的，有的達到了幾十億元的數目。如果全部是政府出資，費用太巨大了，而且政府所承受的風險也是巨大的。如果失敗的話，後果很難想像。因此如今絕大多數會展場館是政府部分出資，同時一些市場企業集團也進行部分投資，雙方或多方共同建造一個會展場館。這種場館建設市場化的引資也是將來建設會展場館的一種趨勢。

引資期間還會遇到萬一沒有投資人的情況或投資的資金無法達到預期效果的情況。因為會展場館不是一個短期就能收益的項目工程，它的資金回收慢，而建設週期又比較長，不太能引起投資人的興趣，這就是建造場館前最大的投資風險。

要規避這樣的風險可以透過政府的配合和工作進行解決。政府可以對場館的基礎設施進行投資，同時吸引投資人對場館進行投資。如此一來，場館的環境有了保障，增強了場館的吸引度。投資人所關注的是場館的市場前景，如果其預期收益較高，投資的可能性就大。對此政府可以給予一些政策，以

提高場館的預期收益。在場館的投資不夠的情況下，政府應該給予相應的補給。

（二）場館建造前的策劃與管理不到位

會展場館建造之前須考慮的問題是多方面的，如果沒有事先做比較充分的調查和分析研究，沒有明確方向，這樣會給日後的建設時以及使用帶來很多不必要的麻煩。

策劃期要解決的問題是為什麼建設和建設什麼樣的場館，將怎樣建等。如果準備聘請國外專家進行設計建造的話，還要解決其與中方施工人員的溝通問題。一些場館一味追求場館面積，認為越大越好，這種盲目的建造是存在很大的風險的。因為建造場館前要對資金進行各方面的預算，場館的面積以及其各項設施管理都應該進行可行性研究，包括組織策劃中的組織結構、任務分工、管理職能分工、整個工程流程和編碼體系等以及管理策劃中的合約策劃、經濟策劃、開發成本分析、建設效益分析和風險分析等。這樣就可以給日後的建設施工帶來許多方便之處，也減少了不必要的風險。而盲目追求面積只會給投資成本造成很大的威脅。

（三）會展場館建設的合約或契約風險

會展場館的工程項目在建設之前一定要進行雙方或多方相關者的合約或協議的簽署。因為場館可能是幾個公司共同出資籌建的（如上海新國際博覽中心）。其利益關係及責任風險的承受需要在合約或協議中進行詳細具體說明。但一份協議合約中難免會有些漏洞，可能是對某一方特別有利的條款，如有這種情況存在的話，對不利的那一方來說所承擔的風險必定是大的，是不公平的。因此在簽訂協議合約前，要結合保險保單對合約協議的各項條目進行審核，提出建議。

二、會展場館建設施工時的風險

（一）場館建設時的控制與管理的增值措施

在這期間最重要的是編制項目建設的組織設計。但在中國國內的場館建設中，幾乎沒有這樣做的。組織是一個項目的目標最終能否實現的決定因素，關係到整個指令系統，任務分工等。其次就是要確定建設方的組織模式。

（二）場館建設施工時遇到的一些不利於今後展覽的具體問題

1. 場館結構

會展場館主要是為了舉行各種規模的展覽會而建造的，那麼其在建設施工時就要對其結構進行設計以滿足展覽會的要求，如場館大小、高度、地板鋪設、燈光等。

2. 建設施工的時間進度

會展場館的建設施工時間進度表要隨時抓緊，一定要按時或在保質保量的前提下提前完成，這樣可以減少投資者的成本。場館建設施工的拖延，會拉長本來所預計的時間。這樣不僅資金成本要損失，連場館本身的利益也會受到損失。

要避免這一風險的發生，我們可以採取以下這種方法來解決。建設多個實體責任之間的網絡圖（將風險分擔在每一個責任實體上）。施工的延期可能是多方面的原因造成的，可能是施工中遇到一些問題卻無人解決，如此責任不明確，就會造成工程延期。在施工時要明確哪些地方具體由誰負責，這樣每個人都明確自身的責任，有問題的話就能協商解決，不會拖延時間了。

3. 施工期間發生的突發情況

在建設會展場館期間不能保證會萬無一失，全都按照計劃進度進行，否則風險管理就不存在了。如果在事情發生前能做好準備，那麼可能損失就比較小。例如，在施工期間遺漏了無障礙通道；供暖通風設施出問題；燈光、排線等效果不如預期；工人受傷等。這些問題都要在事發之前做好充分的準備，做到萬無一失。可以對這些問題所涉及的方面進行項目職業責任保險，這樣就算發生情況，也有一定的保險金作為賠償，損失相對會小一些。

三、會展場館使用時的風險

(一) 會展場館的設施管理不全面不合理

建設完工之後的會展場館需要進行完善的設施管理，這不僅僅是平時的清潔、保潔，更為關鍵的是資產的管理，其中又包括了財務管理、空間管理和用戶管理。而在設施管理過程中，前期管理又顯得特別重要。世界上有一個專業機構——國際設施管理協會，其協會會長認為，設施管理包括資產管理和運行管理。運行管理不僅僅是維修，更重要的是更新。如一個會展場館過去沒有寬頻網路設施，現在就要把它加進去。

(二) 場館的更新能力差

中國的會展場館在建設時大多沒有考慮完工後幾年或幾十年後場館是否需要更新，以及如何更新的問題。因此造成一些場館想擴建卻沒有土地，想更新設備，卻遇到電纜、電線要重排的問題。

相比較而言，德國的一些 1960 年代建造的會展場館在建設時就開始注意這些問題了。其中，德國的杜塞道夫展覽中心是比較有代表性的。它建於1947 年，位於城市北郊，距機場 10 分鐘路程，距離高速列車幾英里。乘地鐵 20 分鐘可達中心火車站，位於高速路邊，設有 20000 個停車位。目前的17 個展廳呈環狀圍合式布局，廳與廳之間以封閉走廊相連。這些廊是後來擴建的，其中的 6 號館是最新建成的，規模最大，是 160 公尺 ×160 公尺單層展廳，最高處 26 公尺，面積為 2.4 萬平方公尺。目前展覽中心的室內展覽面積達到 23.44 萬平方公尺，室外展覽面積為 3.25 萬平方公尺。但仍不能滿足使用需要，因此，他們計劃到 2010 年再擴建 5.5 萬平方公尺的展廳，興建四星級的酒店，並擴充餐飲和服務設施，重新做景觀設計等。

(三) 場館使用時出現的緊急情況處理

會展場館在使用時可能出現一些緊急事故，如工人、觀眾、展商等人員傷亡，以及各類人員的突發疾病，火災等。雖然這些事誰都不希望發生，但也不能排除其發生的可能性。為了保證萬無一失，場館方面還是做好應有的準備措施和應急預案，建立可行的現場安全措施，最好在場館內進行必要的

演習來訓練場館工作人員處理緊急事故的能力。當然，這種應急機制應該分為「宏觀級別」和「微觀級別」。宏觀級別的事件通常涉到幾個功能區域，一個場館或多個場館，其需要高級別管理措施來處理。而微觀級別的事件只需涉及一個功能區域，是對於一個特殊環境而言的。

案例分析

中國出口商品交易會展館安全保衛規定

為了維護中國出口商品交易會（以下簡稱「廣交會」）展館的良好秩序，防止各類事故的發生，確保大會展館的安全，依據社會治安有關管理規定，結合廣交會展館需要，制定本規定：

一、各商會、交易團應成立保衛組，由團長、會長擔任組長，同時，要配備一定數量的專職保衛幹部，協助做好展館的安全保衛工作。

二、實行安全保衛責任制，按照「誰主管，誰負責」的原則，制定安全保衛方案措施，加強宣傳教育和管理，提高與會人員安全防範意識，確保場館安全。

三、全體與會人員須高度重視安全工作，自覺遵守展館各項規定，共同維護展館秩序，不參與法輪功邪教組織等非法活動，提高警惕，預防各類事故的發生。

四、從籌展之日起，所有進館人員須將證件掛在胸前，服從和配合保衛人員檢查，不准將證件轉借他人和帶無證人員進館，違者按有關規定給予處罰。

五、妥善保管好展、樣品和個人隨身物品、每天閉館前，要將貴重展樣品存放展櫃和保險櫃內或採取其他有效保護措施，並由專人負責看守和管理。參展商應按時進館，並請不要提前退館，以確保展樣品安全。

六、陳列的刀具、槍枝等展樣品，要有專人看護、妥善保管，上、下班要清點數目，防止被盜。

七、劇毒品、易燃易爆和放射性等展樣品，只能使用仿製代用品，嚴禁攜帶實物進入展館。

八、展館展位裝修、搭建，參照《中國出口商品交易會展館防火規定》（以下簡稱《展館防火規定》）執行。展樣品的陳列須按規定擺放，任何單位和個人不得將展品、樣品擺出展位以外的任何地方。要服從展館檢查組、保衛人員的檢查、糾正。

九、認真做好安全防火工作。各單位要切實貫徹執行《展館防火規定》，加強對所屬人員安全防火教育，做到防火工作人人皆知，自覺遵守，確保安全。

十、展館內（包括展場、展位、辦公室、倉庫、通道、樓梯電梯前室和天橋等場所）嚴禁吸煙，違者按章處罰，吸煙者可到場館設置的吸煙區。

十一、籌展期間，運送展樣品的汽車進入展館後，按指定地點臨時停放，卸貨後即駛出展館。搬運展樣品出展館時，須憑交易團出具的放行條、經門衛人員查驗後放行。

十二、進入展館的汽車須服從交通管理人員的指揮，按規定路線行駛，按指定位置停放。

十三、展館期間，凡拾獲的各種物品應及時送交展館保衛科、辦展保衛科等保衛部門處理，不準自行保管和擅自處理。

以上規定，請大家嚴格遵守，共同維護大會秩序，保證大會安全。

案例思考

1. 場館安全保衛應該注意的問題有哪些？

2. 結合資料談談場館在風險管理方面還可以開展哪些工作？

第十一章 會展場館的競爭和合作

▌第一節 會展場館之間的競爭

一、場館競爭的含義

現代意義上的場館競爭是會展場館發展的動力所在，沒有競爭就沒有發展。會展場館的生存與發展，都離不開競爭這一巨大的推動力。

會展場館之間的競爭，即是兩個或兩個以上的不同場館主體，為了某種目的，有意識地進行的相互較量和爭勝的活動。構成場館競爭的基本要素有三點：

（一）要存在兩個及兩個以上的競爭主體，即競爭對手

要承認競爭主體的個體利益的存在。場館競爭就是對立的雙方在同一競爭標的下的「利益鬥爭」，沒有了代表不同利益的競爭對手，競爭本身就失去了存在的意義。

（二）要有共同的競爭對象

因為只有共同的競爭對象，才會引起不同經濟主體間的利益聯繫，進而引致相互間的利益衝突。如果沒有這種因爭奪同一競爭對象而產生的利益差異和利益衝突，不同場館間也就失去了競爭的原始動因。

（三）既要有一定的競爭規則，也要有統一的、各方都必須遵守的行為規則

競爭的本質是場館各自實力較量，這種較量的前提是規則的統一和環境的公平，否則就是一種不平等的競爭。

場館競爭就是不同利益的競爭主體在市場上為某一共同的競爭對象（如市場地位、目標顧客等）而進行的較量與爭勝。概括地講，場館競爭就是場館在公開、平等的競爭環境下，為爭奪更有利的經營條件和增進自身的經濟利益而進行的相互較量和爭勝的活動。

二、場館競爭的形式

按照競爭方式的不同，場館競爭可以分為價格競爭和非價格競爭兩種類型。

（一）價格競爭

價格競爭是指不同場館之間，透過價格調整來爭占市場份額的競爭，是最古老、也是最基本的場館競爭形式。它在一定程度上體現了場館的生產技術水平和管理水平，因此，價格競爭的背後，蘊藏著場館產品、技術、管理水平等多方面的競爭能力的較量。

（二）非價格競爭

非價格競爭包括了除價格競爭以外的所有其他形式的競爭，如產品競爭、服務競爭、廣告競爭、渠道競爭、場館形象競爭、技術競爭、資訊競爭、人才競爭、投資競爭等諸多形式的競爭。其中，前四種競爭形式可將其合稱為營銷競爭。在上述多種形式的競爭中，產品競爭是場館競爭的核心，是一種最直接的市場競爭形式。

三、競爭對場館發展的推進作用

對場館而言，競爭既是場館發展的一種內在推動力，也是一種外在的壓力。競爭對於場館發展的推進作用，主要表現在這樣幾個方面。

（一）競爭是場館在市場中求得生存與發展的強制性的推動力

「適者生存，優勝劣汰」這一市場競爭法則的客觀存在，迫使場館必須不斷提高自身的競爭能力。在競爭日趨激烈的今天，場館競爭已發展成為包括技術競爭、營銷競爭、資訊競爭、形象競爭、人才競爭等多種競爭形式的全方位的競爭，場館要在競爭中求得生存與發展，就必須具有正確的競爭策略，以構建和保持場館的競爭優勢，全面提高場館的競爭能力。

（二）競爭能有效促進場館經營資源的優化配置

場館要保持和強化其已有的競爭優勢，要不斷提高其市場競爭力，就必須在充分分析和瞭解競爭環境及競爭對手的基礎上，優化組合場館的人力、物力、財力、資訊等經營資源，以求得最佳的經濟效率與效果，實現場館組織結構、場館規模、場館效能三方面的優化。

（三）競爭是場館創新的強大的推動力

競爭的本質，就是要超越對方。場館要在激烈的競爭中，擺脫失敗和被淘汰的可能，就必須要具有能區別於競爭對手並超越競爭對手的創新能力。這種創新，可體現在場館的組織、管理、產品、技術、營銷等多個方面。創新，是場館形成競爭優勢、在競爭中獲勝的根本途徑。

四、場館競爭力

場館競爭力簡單地說就是場館參與市場競爭、占領市場的能力。場館要參與競爭，並要贏得競爭，必須具備一定的競爭能力。場館自身素質高低，是場館參與市場競爭的內部條件。所謂場館素質是指場館所擁有的各種經濟資源的構成質量，如技術裝備水平、經營管理水平、職工隊伍素質、場館領導素質等。這些資源是場館參與競爭的基礎，也是形成場館競爭力的基本條件。一般認為，場館競爭力是以下幾種能力的組合：場館生產能力、技術開發能力、財務能力、經營管理能力、市場營銷能力、人力資源能力等。這些能力的合力就構成了場館的競爭力。

場館競爭力的這一定義，包括了以下幾個方面的含義：

（1）場館競爭力是一種合力。它不只是場館某一方面或某一項經營活動的能力，而是場館多項經營能力的組合。

（2）場館競爭力反映的是場館自身的競爭能力，但在一定程度上又受到外部環境因素的影響與制約。如場館價格制定權限的大小，會影響場館的價格競爭力；外部資金注入的多少，會影響場館的財務競爭能力等。

（3）場館競爭力是場館活力的核心，提高場館競爭力是提高場館經濟效益的重要前提，比場館效益的含義更廣，它側重於場館競爭的過程性和連續性及其效果。

（4）場館競爭力是一個相對的概念。市場競爭力的高低是透過市場競爭結果和與競爭對手的對比與較量來展示的。

五、場館競爭優勢的構建

所謂場館競爭優勢就是場館藉以吸引顧客、立足市場的獨特的經營技巧與資源，是場館向市場提供更多價值的能力。從某種意義上講，市場競爭就是場館間為了形成和保持某些競爭優勢，並在此基礎上取得優於競爭對手的市場績效的抗爭過程。在大多數行業中，不管其行業的平均利益是高或低，總會有些企業取得比其他企業更好的贏利，其制勝的法寶就是它們擁有著某種或某些獨特的技巧與資源。

在競爭戰略制定中，這些獨特的制勝技巧與資源就被稱為競爭優勢。競爭戰略制定的目的就是獲取競爭優勢，贏得競爭優勢地位，透過提高競爭力促使場館的生存與發展。場館所擁有的競爭優勢是制定競爭戰略的核心，也是場館市場競爭力形成與提高的基礎。

（一）競爭優勢的實質

簡單地說，場館的競爭優勢就是場館所擁有的獨特的資源。或者說，場館競爭優勢源自於場館所擁有的獨特資源。這裡的「獨特資源」，可能是某一單一的資源，如產品、資金、技術等，更多時候則有可能是這些單一資源的相互連接與組合，亦即獨特的資源配置。當一個場館擁有了一種在競爭者中特別的資源或是資源配置時，這個場館就擁有了一種相當的競爭優勢，而這種競爭優勢如能持續，就會為該場館形成一種競爭優勢地位，並帶來優越的財務績效。

但由於競爭的存在，由於所有的場館都力求在競爭中得以生存與發展，所以也會想盡辦法獲得相同或相似的資源，競爭的結果往往帶來場館競爭優勢的減弱甚至消失。當一種特別的資源被眾多的場館所掌握和擁有時，其獨

特性也就自然消失了。所以,和市場競爭力一樣,競爭優勢也是一個相對的概念,完全的表達應該是「競爭的相對優勢」。

競爭優勢的相對性實質,也可以很好地解釋競爭所以成為推動場館及其所處行業不斷發展的強大動力的原因。因為市場競爭的實質是場館間為了形成和保持具有相對競爭優勢的市場競爭地位,並在此基礎上贏得優越的財務績效的持續抗爭。在持續的市場競爭過程中,場館彼此爭奪競爭優勢,並力求盡可能地保持自身競爭優勢的持續性,而要做到這一點的基本途徑就是不斷地創新,透過創新,尋求別人所沒有的、或難以模仿的、特別的資源。這種不斷創新過程的延續,則帶來了市場的繁榮、產業的進步和場館的發展。

(二)成本領先優勢

在行業中擁有成本領先優勢的場館,將比行業內的其他競爭對手經營得更好。即使在產品相同、價格相同的情形下,由於具有比對手相對更低或最低的成本,場館仍能實現更好的利潤,取得更好的市場績效。當然,若場館所處的行業在整個經濟結構中處於不利地位時,則該場館也無法獲得更高的利潤,但它仍可憑藉低成本競爭優勢而比其競爭對手經營得更好。

低成本優勢的決定因素有以下一些內容。

1. 生產能力

生產能力的高低會直接影響場館的成本水平,其中最可能帶來低成本優勢的因素是:

(1)先進的產品技術。擁有先進產品技術(或高效、優質的服務)的場館,能以比其競爭對手更低的生產消耗取得更低的成本。

(2)合理的產品設計。從顧客需求出發,按顧客要求更合理地設計產品,減少不必要的重複;優化產品和產品生產設計,降低產品成本,因為成本也是產品設計的一個重要參數。

(3)低成本的生產投入。場館若能在其關鍵的生產投入如主要生產原料的費用上取得比競爭對手場館更低或最低的價格也可使場館獲得可觀的低成

本優勢。這需要場館作出相應的努力，以穩定和加深場館與其主要原料供應商的合作關係，或是改變場館原有的原材料採購及供應路徑。

2. 規模經濟

在許多行業中，良好的規模效益是取得低成本競爭優勢的重要途徑。當然，因為行業特性及場館特性的差異，增大規模並不一定都能降低成本，關鍵是要爭取取得適於本行業的最恰當的生產規模。

3. 改變價值鏈

價值鏈是場館設計、生產、營銷和分銷產品的總過程。在同一行業中，大多數場館都按相同的方式進行經營，則它們的價值鏈也類似。打破這一行業常規，場館也可以取得相對於競爭者的實質性的成本領先競爭優勢。

4. 地理區域優勢

場館所處的地理區域，場館與顧客地理位置的距離，也可以在人力、能源、銷售等諸多方面直接影響場館的成本。

5. 經驗曲線

場館成本可以隨利用率的增加和經驗的累積而降低。經驗曲線效應可以由學習效應和規模經濟混合作用而產生。學習效應指場館的工作人員的知識技能的熟練和提高，會降低成本，另外也包括了向競爭對手的學習，各取所長。

6. 政策性因素

這裡是指由政府規定，場館無法控制但又直接構成場館成本的一些政策性成本因素。這些政策因素雖然場館無法直接控制，但有時場館也可以在一定程度上發揮一定的影響力。尤其是在參與國際市場競爭時，透過加強與政府的合作，爭取一些政策優惠，將為場館贏得低成本競爭優勢提供很多便利與可能。

影響場館成本高低的上述因素，並非相互獨立的，而是彼此緊密聯繫、共同構成場館的成本的，如果場館只是簡單地在上述某一方面採取降低成本

的措施，並不能絕對保證獲得低成本的競爭優勢。場館必須進行充分和全面的成本分析，瞭解並掌控影響場館成本的每一項因素，在此基礎上採取相應的降低成本的策略，切實、有效地實現降低成本，才能贏得成本領先的競爭優勢。

（三）差異化競爭優勢

當場館能夠向其顧客提供一種獨特的、有較高附加價值的某種產品時，我們就說場館擁有了與競爭對手相區別的差異化競爭優勢。

差異化競爭優勢是場館所擁有的一種實質性的競爭優勢，這種優勢可在場館與其直接競爭對手之間樹立起一道無形的屏障，在競爭對手無法踰越的時候，使場館有效地避免來自直接競爭對手的挑戰。

差異化競爭優勢的具體形式有以下幾個方面：

1. 技術領先優勢

擁有某項專利技術、優異的技術水平或是產品創新能力，是場館的競爭優勢之一，同時也是場館獲取其他方面獨特優勢的一個重要途徑。憑藉技術領先優勢，賦予顧客以全新的產品，滿足以前所不能滿足的需要，就是最有效力的差異化優勢。

2. 產品品質差異化優勢

獨特的產品設計、更好的產品質量等都能形成獨特的產品品質，吸引更多的顧客。

3. 品牌差異化優勢

成功的品牌是場館極具價值的無形資產，也是場館與競爭對手相區別、相抗爭的有力的競爭手段。品牌競爭是更高層次的產品競爭形式。

4. 營銷渠道差異化優勢

獨特的產品分銷渠道也可形成場館獨特的渠道優勢，是場館加強顧客吸引力的主要競爭手段之一。

5.服務優勢

服務競爭是一種重要的非價格競爭形式。優異的服務會增加場館產品的吸引力，增強顧客的忠誠度，留住顧客是場館贏得競爭的最基本的先決條件。

6.場館形象優勢

隨著產品競爭優勢的日趨減弱，場館間的競爭已上升為全方位的競爭，而不再是某一層面的競爭。在這種情形下，獨特、鮮明的場館形象，已成為現代場館參與競爭的一種重要的競爭優勢。

總之，競爭優勢是相對而言的，某種資源之所以能成為競爭優勢，在於它的優異性和獨特性，在於場館藉此可與其他競爭對手相區別。

六、場館競爭戰略的制定

市場競爭戰略，是場館為了自身的生存與發展，為在市場競爭中保持或提高其競爭地位和市場競爭力而確定的場館目標及為實現這一目標而應採取的各項策略的組合。場館競爭戰略的制定，就是要尋求一種競爭策略的組合方式。憑藉這種方式，場館可以更好地發揮自己的競爭實力，在市場上形成相對於競爭對手的、可持續的相對競爭優勢，從而實現場館的競爭目標。

（一）影響場館競爭戰略制定的關鍵因素

影響競爭戰略制定的關鍵因素可以分為以下幾個方面。

1.場館優勢與劣勢分析

場館自身的優勢是場館競爭力形成的基礎，是影響戰略制定的一個重要因素。競爭戰略必須能在其執行過程中突出場館優勢。這種優勢體現在很多方面，比如良好的場館形象和聲譽、豐富的生產經驗和特殊的資源等。

2.關鍵管理層的價值觀

關鍵管理層是競爭戰略的制定者，他們的價值觀和經營指導思想，直接影響著競爭戰略的類型。

3. 行業中的市場機會與威脅

市場環境的變化，會給場館帶來某種機會或威脅。為抓住市場機會，場館需要相應的競爭戰略，而在遇到威脅時，同樣需要相應的競爭戰略來降低失敗的風險。另外，場館面對不同性質的市場如飽和市場、發展中市場及未開發市場等，也要相應地制定不同的競爭戰略。

4. 社會期望

社會期望包括政府的政策法規、社會文化、公眾利益等諸多方面內容。在現代場館競爭中，社會期望與場館經營的聯繫日益緊密，場館不可能脫離這些因素，制定自己的各項戰略。

（二）如何制定競爭戰略

1. 競爭者分析

戰略制定的核心是有洞察力的競爭者分析。場館市場競爭力的提高是一個相對的概念，是比較其競爭對手而言的。競爭者分析是競爭力導向下競爭戰略制定的核心。

（1）首先是要確定場館的競爭者。廣義上講，競爭者應該包括現有的競爭者和潛在的競爭者，即把凡是提供與本場館產品功能相近的產品的場館都看作為競爭者。這裡的競爭者則專指已經進入市場，生產與場館相似或同類的產品，並擁有一定顧客和市場份額的現有的競爭者。

其次是要在各種渠道獲取大量情報的基礎上，盡可能查明同行業中所有同行及其基本情況，確定哪一個或哪幾個場館是本行業中的競爭領先者，具有最強的市場競爭力。競爭領先有一些明確的標準，如市場占有率、資金周轉率、銷售利潤率、投資收益率、研究開發能力、提供的就業機會及培養的專業人才等指標，具體的評價標準應該看場館所處行業的特點而定。隨後要進一步分析競爭領先者，分析競爭者在競爭戰略與策略等方面與其他場館（包括場館自身）的主要差異之處，分析其擁有哪些競爭優勢，並分析其擁有的競爭優勢、較高競爭力的成功要素等。

此外，還要確定本場館的主要的競爭對手。我們在之前分析行業中競爭領先者的成功要素，一方面可以弄清在本行業中獲取競爭成功的要素有哪些，另一方面也可以從中分析、瞭解領先者的未來發展動向，並以此作為制定場館競爭戰略的參考。當然，因具體情況的不同，並不是所有的場館多將行業中的競爭領先者作為自己的主要競爭對手，場館還應根據自身的能力和在競爭中所處的地位，在眾多的同行中進一步明確自己的主要競爭對手，對這些競爭對手的情況再作進一步的分析。

（2）對主要的競爭場館進行分析。

首先是對競爭場館的經營組織形式進行分析。確定競爭場館是屬於專業化場館還是多角化的多業性公司，是地區性場館、全國性場館還是跨國場館。這一分析的必要性在於，不同類型場館面對市場競爭和市場變化的反應是完全不同的。

其次是對競爭場館的競爭狀況進行分析。瞭解競爭場館的競爭目標、目前的財務業績、市場占有率、市場競爭地位、主要競爭優勢、現在的組織結構、現在的激勵系統和其管理階層的背景分析等諸多方面，以瞭解、分析場館競爭對手的競爭決策程序和決策背景，並由此評估競爭場館的競爭實力。

再次是對競爭場館的市場競爭策略進行分析。市場競爭策略的優劣是一個場館市場競爭力高低的最直接的展示，也是場館間在市場上的最直接的競爭。因此，必須在瞭解競爭場館基本狀況的基礎上，進一步分析其市場競爭策略，包括競爭場館的市場研究策略、產品策略、價格策略、促銷策略以及產品服務、生產及分銷等策略。深入細緻地分析競爭場館的每一項競爭策略，一方面可以對競爭場館的市場競爭力有一個基本瞭解，另外還可以從其各項策略的推行及相互協調配合中，找出與自身相比，競爭場館的優勢與劣勢。

最後是對競爭場館的競爭力水平進行分析。透過上述幾個方面細緻的分析，已可將競爭場館的優勢與不足較充分的顯示出來。不同的場館，各有其優勢與不足，這種優勢可能表現在其產品方面，也可能表現在其服務方面或營銷方面。這些優勢使競爭者擁有一定市場競爭力的基礎，優勢越明顯，表

明其競爭能力越強。對競爭能力的分析包括產品競爭力、生產適應能力、生產應變能力、市場增長能力、競爭優勢持久力等多個方面。

（3）判斷競爭場館的反應。這一步也是進行競爭者分析的主要目的。場館在確定自己的競爭戰略之前，不僅要瞭解主要競爭場館的競爭戰略、優勢及策略，而且還要清楚對場館所推出的任何競爭策略、主要競爭場館會作出的反應、主要競爭場館所奉行的競爭觀念。其自身所具有的競爭優勢與不足決定了它面對競爭場館時所可能採取的行動。

2. 競爭性市場定位

處於市場中的場館，因其各自競爭力的不同，各有其不同的市場競爭地位。場館在市場中競爭地位的高低，是可以隨場館競爭力的改變而改變的。場館要根據所進入市場的競爭情況和自身的競爭力來確定其在市場競爭中的地位。處於不同競爭地位的場館，其確定和執行的競爭戰略與策略也是不同的。

按場館市場競爭力高低的不同，場館競爭性市場定位有如下的選擇。

（1）市場競爭中的領先者。能成為競爭領先者的場館，一般都擁有高於其他場館的競爭力，在市場上擁有最高的市場占有率。

（2）市場競爭中的挑戰者和追隨者。競爭領先者的地位並不是固定不變的，因為每個場館的競爭力都在市場競爭中不斷地發生著變化，那些競爭力不斷增加的場館，隨著其市場占有率的擴大，會向競爭領先者發動強有力的競爭挑戰，以爭取成為新的競爭領先者。這類場館則屬於競爭中的挑戰者，它們的市場占有率在行業中僅次於領先者而屬於第二、三位。而另一類場館，因其自身的競爭力及其提高幅度有限，其市場占有率也較領先者和挑戰者低，但又高於一些小場館，因此一般會採取安於現狀的選擇，以求維持其既有的市場占有率。這類場館是競爭中的追隨者。

（3）市場競爭中的利己者。一些市場占有率很低的中小場館透過專注自己的目標市場和顧客，即利己市場來與強大的場館競爭者競爭，從中求得生存與發展。

　　選擇何種競爭市場定位，是由場館的競爭優勢和競爭實力來決定的，正確確定自身的競爭地位，場館可以清楚地確定自己的主要競爭者，並充分發揮自身的競爭力。

▌第二節 會展場館之間的合作

　　中國會展場館的規模普遍較小，核心競爭力差，缺乏會展場館的品牌項目。隨著中國會展業的進一步擴大開放，會展場館面臨的中外競爭日趨激烈。針對會展場館的「小、散、弱、差」的現狀，加快會展場館之間的合作聯盟，形成一批具有國際競爭力的會展場館，是中國會展業在新的形勢下的必然選擇。

一、會展場館合作的意義

　　（一）會展場館之間的合作有助於擴大會展場館的規模，實現規模經濟

　　透過會展場館之間的合作聯盟可以迅速擴大會展場館的行業規模，提高會展場館的產業集中度，並透過合作聯盟內的分工協作，實現生產要素的優化組合和最優配置，最終實現會展場館的規模經濟效益。

　　（二）會展場館之間的合作有利於節約資金

　　會展場館隨著規模的擴大，會導致內部管理資金的上升。會展場館之間的合作聯盟，可以保證會展場館資金的流通，加快會展場館的發展。實行合作聯盟可以把會展場館納入到一個集團當中，把原來場館之間的契約關係變為會展場館之間的分工合作關係，從而降低了成本，節約了資金。

　　（三）會展場館之間的合作可以增強會展場館的國際競爭力

　　會展場館之間的合作聯盟，可以使各種資源向優勢會展場館集中，實現優勢互補和資源整合，增強會展場館在國際上的競爭力。中國會展場館與國際著名會展場館之間的差距，主要表現在規模、生產率水平、國際化水平以及技術創新水平上。只有實施會展場館之間的合作聯盟才能逐漸縮小與發達國家會展場館的差距。

二、會展場館之間的合作應該要注意的問題

（一）合作是市場行為，而不是「拉郎配」

政府重視會展場館之間的合作聯盟，但在實際過程中容易出現政府干預的現象。會展場館的合作聯盟應該充分利用資本市場，以市場為導向，促進資源向優勢會展場館集中。

（二）合作不能片面追求規模擴張，而應注意核心競爭力的提高

中國會展場館與發達國家之間的一個重要差距就是規模上的差距，而會展場館又是一個規模經濟較強的產業。會展場館合作聯盟的一個重要目標就是迅速擴大會展產業的規模，實現規模經濟。

（三）應該注意提高會展場館之間合作經營管理水平

隨著對外開放和經濟的進一步發展，出現中國國內競爭國際化的態勢。中國會展場館與國外會展場館之間除了在規模上的差距之外，更重要的是在管理、技術、服務、意識方面的差距。中國會展場館應該在競爭中不斷增強自身的管理水平和服務水平，提高服務意識，真正增強競爭實力。

資料一

上海光大會展中心與浙江和平國際會展中心的合作

2004 年 4 月 16 日，上海光大會展中心有限公司與杭州和平國際會展中心在西子湖畔舉行了簽約儀式。為把杭州建設成長三角重要的會展城市，提升城市經濟的著眼點，滬、杭兩大會展中心合作簽約，拉開了杭州會展業實質性接軌上海的序幕。在儀式上，杭州下城區政府承諾在 2004～2007 年三年中，籌措 1000 萬元會展業扶持資金，用於支持雙方的合作和開拓發展會展市場。展會是城市的名片，為了把這張名片做好，杭州政府下大力支持，此舉在當前中國會展行業是絕無僅有的。政府與會展企業的優勢互補、資源共享，無疑給中國其他會展城市開創了先河。

上海光大會展中心隸屬於中國光大集團，是中國展覽界的強勢龍頭企業之一，擁有強大的品牌效應、營銷網絡和成熟的管理經驗及專業人才。

　　浙江和平國際會展中心隸屬於和平工貿集團，是中國展覽業界大型民營企業集團。杭州和平國際會展中心是集會展、酒店等功能為一體，擁有一流的場館條件和硬體設施，是杭州下城區政府重點扶持的會展企業。

　　這次合作的內容主要涉及兩個方面。一方面，透過引入光大國際化的經營理念和操作模式，從而擴大和平會展中心的影響力和知名度；另一方面，透過光大會展中心的營銷理念，提高和平國際會展中心展會的品質。

　　這次合作的多贏模式，最少在以下三個方面進行了有益的嘗試：

　　一是上海光大會展中心透過輸出管理和人才培訓，既得到經濟回報，也為杭州會展的發展貢獻了力量。作為輸出方的上海光大會展中心輸出管理、人才培訓，以及國際化的經營理念和操作模式，輸出的同時與杭州和平會展中心實現資源共享。

　　二是杭州和平國際會展中心透過引入光大國際化的經營理念和操作模式，將全面提升和平國際會展中心乃至杭州會展從業人員的素質。

　　三是杭州市下城區政府透過引進品牌展會，吸引大批參展商到杭州，為下城區打造「會展大區」奠定基礎。同時提升了下城區的城區形象，大力推動下城區相關產業的發展。據相關媒體報導，這一合作對於杭州和平意味著在未來三年內，上海光大將為其帶來至少 18000 個展位，同時帶來至少 15 個中國全國性展覽。2005 年，上海光大龐大的會展市場將為杭州帶來至少 4000 個展位，2006 年則增至 6500 個，2007 年將增至 7500 個，呈逐年遞增趨勢，同時使杭州每年增加 5 個國際性展覽。

資料二

　　滬甬聯姻

　　上海新國際展覽中心有限公司、上海國際展覽有限公司和寧波新上海國際物業管理有限公司共同投資，設立了寧波國際會議展覽中心管理有限公司，並於 2003 年起受寧波市政府委託，正式開始經營管理寧波國際會展中心，主營業務是租賃與管理展覽場地並提供相應的配套服務，組織承辦國內國際

會議和展覽。提供全套管理輸出。截至 2004 年上半年，寧波國際會展中心已成功舉辦了 20 餘場大型國際展會。

上海國際展覽中心有限公司作為起步較早的會展公司，形成了一流的經營理念、成熟而不乏靈活的管理機制，不僅成功地經營展覽場館，而且擁有一批熟諳辦展理念，現場服務一流的專業化辦展隊伍，為客戶提供更好的專業化服務。

憑藉這些優勢，上海國際展覽中心有限公司為寧波國際會展中心量身定做了以下經營策略：首先，加強員工培訓，建立一支高效的管理隊伍及一套符合現代化展館管理的模式。上海國際展覽中心為寧波國際會展中心培訓出主要業務骨幹，向他們灌輸先進的展館管理理念，爭取在 3 年時間內使寧波國際會展中心的主要服務能滿足 ISO 9001 的管理要求，並取得認證。其次，發揮管理公司自主辦展的經驗，結合當地特色，初步形成承辦、自辦兩條腿走路的格局。目前已主辦、承辦，並正積極準備舉辦消費品、港口物流、機電、化工等展覽會。在經營展館的同時，充分發揮寧波國際會展中心的會議功能，努力承辦各種重要會議，使寧波國際會展中心成為區域性會議中心。

在此過程中，上海國際展覽中心有限公司充分發揮對展覽市場熟悉、人員專業、資訊渠道暢通的優勢及自辦展的經驗，積極挖掘寧波國際會展中心的優勢，吸引中外有實力的展覽與會議主辦單位辦展，致力於使寧波國際會展中心成為浙江省最有影響的會展中心。

上海國際展覽中心看重的是寧波會展行業今後的發展，尤其是隨著上海籌備世博會的進程，必將有力地推動長三角區域的經濟聯動發展，包括促進寧波展場館的建設和展覽隊伍的形成，使其在會展經濟市場的培育上一個新的臺階。上海國際展覽中心在與寧波國際會展中心的經營管理合作上嘗到了甜頭，但在雙方合作的深度和廣度上，如展會移植等方面也並非一蹴而就。

資料三

中國 12 位 CEO 在深圳簽訂相互推廣合作協議

2006 年 6 月 14 日，深圳會展中心分別與其他 11 家展覽館簽訂了《中國展覽館相互推廣合作協議》。此次合作，無論在合作規模還是合作模式上都是中國國內首創。來自江蘇、湖南、湖北、雲南、上海、深圳等省市展覽館的 CEO 和高層管理人員，齊聚深圳會展中心縱論了中國會展行業發展所面臨的問題與機遇。

透過深入交流，與會人員在加強展館合作方面達成了共識。深圳會展中心與到會的其他 11 家展覽館簽署了「中國展覽館相互推廣合作協議」。合作內容包括：簽約雙方將在各自的網站上設立對方的連結、發布對方的展覽資訊；在展館顯著位置或客服中心張貼或擺放對方的宣傳資料、展覽計劃；分別為對方自辦展覽以最優惠條件互為代理招展招商；利用各自展館的展會資源，在展覽主辦方同意的前提下互為對方推介重點展會等，業務內容涉及展館宣傳、自辦展招展、展會推介、廣告等諸多方面。

這次合作將惠及展館運營商、展會主辦機構等多方，對深圳展會在中國國內的推廣造成積極的作用。這次合作促進了資源的整合利用，將產生強大的效益，實現合作的多方共贏，有利於深圳和中國會展業的良性發展。

三、會展場館的對外合作

經濟全球化的趨勢不斷增強，世界經濟從資源配置、生產到流通、消費的多層次和多形式的交織和融合，使全球經濟形成了一個不可分割的有機整體。因此，會展場館必須順應形勢的發展，積極加強對外合作，融入到世界會展場館發展的大潮中去。

衡量一個國家會展場館的對外合作的程度，應該主要看其所舉辦的國際會議，重要國際會議的數量和比例及國際展覽和國際知名展覽的數量和比例。

要想使中國會展場館更好地對外合作，就應該與國外的會展場館合辦會展場館，增強中國會展場館的國際競爭力。

會展場館必須加大引進外資的力度。由於目前中國還不允許國外會展企業開辦獨資會展公司，因此國外會展企業大都是與中國會展企業合資建設展覽館，設立合資展覽公司等。

資料四

兩個成功的合資項目

2001 年，德國的漢諾威、杜塞道夫、慕尼黑三家展覽公司合資在上海參與興建展覽場館，此舉在全球範圍內引起了極大關注。一時間，各個國家，尤其是中國的各大新聞媒體對此進行了積極的報導，使得無數的參展商包括大批中小企業都知道了世界上有這三家品牌展覽公司，而這些中小企業正是未來展覽市場的生力軍。由德國漢諾威展覽公司、慕尼黑展覽公司以及杜塞道夫展覽公司和浦東土地管理局合資建設的新國際展覽中心，是中國引進外資的一個典範。新國際展覽中心一期工程已經完工並投入使用，開業以來取得了良好的經濟收益，並為上海會展業的發展帶來了許多先進的管理理念和經驗，這充分說明了引進外資對中國會展場館的發展具有較強的帶動作用。

作為中國國內展館經濟效益最好的上海新國際博覽中心，漢諾威、慕尼黑和杜塞道夫三大股東把它們在中國舉辦的展覽集中於此，保證了展覽資源的供給。在得到保證的同時，上海新國際展覽中心還不失時機地將眼光再一次放到了海外，請進精品展覽的同時走出去創辦世界精品展覽，加強其國際競爭力。總經理 Wolfram Diener 先生認為，此次聯盟使上海新國際展覽中心有機會吸收合作夥伴的資源來培植新的競爭力，提升客戶服務價值。對這一大膽的戰略創舉 Wolfram Diener 先生充滿信心。

2003 年 11 月，亞洲的三家一流會展中心──上海新國際博覽中心（Shanghai New International Expo Center）、新達新加坡國際會議與博覽中心（Suntec Singapore）和日本會展中心（Nippon Convention Center Inc）在新加坡簽署戰略聯盟諒解備忘錄，宣告正式成立亞太會展場館戰略聯盟（Asia Pacific Venues Alliance，簡稱 APVA）。這是亞洲會展業界一次史無前例的戰略合作。

亞太會展場館戰略聯盟的成立旨在結合亞洲三家頂尖會展中心經營管理、營銷、服務方面之優勢服務於關鍵客戶，APVA 作為一個綜合平臺，吸引世界精品展覽到亞太地區，在亞太地區樹品牌展覽。據介紹，聯盟三方達

成了以下共識：實施聯合市場營銷與研究活動，定期交流三方各自市場營銷、運營管理及當地會展市場方面的動態的資訊要素，同時，聯盟三方正致力於設立統一的客戶服務和運營程序標準，以及商討有關三方互惠營銷方面的事宜。可以預見，APVA 的成立將為聯盟三方的營銷活動創造更加寬闊的路徑。透過 APVA 這個渠道可以有效地分享三家會展中心自身及當地會展市場方面的資訊，實現資源共享，交流互動。

資料五

其他合資項目介紹

還有許多國外會展公司投資中國：

2001 年，歐洲十大展覽公司——荷蘭皇家展覽集團與上海一家民營企業合資成立了第一家經上海市政府批准的合資展覽機構——上海荷雅企龍展覽服務有限公司。這個合資公司註冊資金為 50 萬美元，雙方各出資 50%。

2002 年 4 月 2 日，世界第三大展覽公司德國法蘭克福展覽會有限公司也在上海投資，設立了分支機構。

2002 年 9 月，德國科隆展覽中心宣布其將在深圳設立辦事處。2002 年科隆公司宣布北京分公司成立。

2004 年 6 月 5 日，天津開發區代表就濱海國際會展中心項目與新加坡國際展覽集團代表在香港簽訂了合作協議。根據該協議，雙方將共同成立合資公司，負責濱海國際會展中心的管理、運營和招商工作。

案例分析

建立場館合作同盟機制——首屆中國展覽場館 CEO 圓桌會議

2006 年 3 月 16 日，首屆中國展覽場館 CEO 圓桌會議在蘇州國際博覽中心舉行。與會代表坦誠交流，共商對策，共話合作，共求發展。

會議達成了一些共識，其中包括要加強展館間的互利、共贏合作機制建設，定期溝通、交流展館運營經驗，實現地展項目資源互通，互為自辦展項

目代理招商，整合會展資源，尋求共同發展。還應該主動對接中國會展業國際化進程，積極開展與國際場館和主辦商的交流與合作。

一定範圍內的聯盟是一場及時雨。此次圓桌會議的召開，不僅對七個場館之間相互交流、借鑑經驗、轉變理念等造成了積極的作用，同時將對繼續推動中國國內會展中心管理向市場化、專業化、國際化方向發展，探討中國展覽場館的規範管理，加大行業自律，造成重要作用。

案例思考

1. 會展場館之間如何進行合作？

2. 結合材料說明，會展場館之間合作的意義是什麼？

第十二章 中國國內、國外會展場館發展

▋第一節 國際會展場館行業協會

一、世界場館管理委員會

（一）構成

世界場館管理委員會（WCVM）集結了全世界代表公共集會場館行業專業人士和設施的一系列主要協會。它目前的 6 個成員協會一起為 5000 多個管理經營場館設施並在這個行業中聯合在一起的人士提供專業資源、論壇和其他有益的幫助。這些人士又代表了世界上 1200 個會展中心、藝術演出中心、體育場館、競技場、劇院和公共娛樂和會議場所。

（二）成立時間和目的

世界場館管理委員會成立於 1997 年。為促進公共集會場館行業內的專業知識提高和相互理解，它積極地致力於透過協會成員中的資訊和技術交流來促進專業發展。

（三）成立的動力支持

建立世界場館管理委員會的動力來自於想爭取國際聽眾和觀眾並在實際範圍內分享資訊數據的世界場館管理委員會中的創始協會。這並不意味著將會影響這些協會對它們自己會員所提供的服務的質量。這一動力又在 1996 年由歐洲場館協會、亞太場館管理協會和國際會議場館經理協會於西班牙巴塞隆納主辦的會議上得到進一步的加強。這次會議還肯定了滿足公共集會場館管理行業中大量現存協會對全球資訊和溝通資源需求的世界性組織的價值。

（四）協會成員

世界場館管理委員會的現有協會成員是：會議場館國際協會（AIPC）、國際會議經理協會（IAAM）、歐洲活動中心協會（EVVC）、亞太場館管理協會（VMA）和體育場館經理協會（SMA）。

世界場館管理委員會的現任主席是奧地利的漢斯·密克斯納，現任祕書長是美國的德克斯特·金。

（五）世界場館管理委員會的目標

（1）有助於世界更好地瞭解公共集會場館行業；

（2）鼓勵成員協會中的相互幫助和合作；

（3）促進有關公共集會場館管理專業資訊、技術和研究的分享；

（4）推動成員協會和這些成員協會之間的溝通，以提高和改進全世界公共集會場館管理行業的知識水平和瞭解程度；

（5）提供給成員協會及其與世界場館管理委員會所代表場館和個人直接有效的通道；

（6）召開由世界場館管理委員會主辦的週期性會議，以便分享與公共集會場館管理經營專業有關的資訊、教育和專業開發活動。

（六）世界場館管理委員會為實現上述目標採取的戰略

（1）在世界場館管理委員會的所有出版物和文具信箋上展示世界場館管理委員會的標誌；

（2）在世界場館管理委員會成員協會與它們各自的成員之間提供成員互惠；

（3）為共同的資源中心提供資訊和數據；

（4）參與成員合作活動；

（5）同意和贊助世界場館管理委員會的指導性報告書。

（七）為了實現上述目標，世界場館管理委員會還應採取的措施

（1）收集和傳播關於經營管理公共集會場館有效方法的新資訊；

（2）為與公共集會場館管理事件有關的資訊、報告、論文和研究交流提供論壇；

（3）透過成員互惠在出席會議、訂購出版物、參加培訓教育項目、獲取數據及其他資料等方面，為所有世界場館管理委員會的協會個人成員提供利用各成員協會資源的便捷通道；

（4）鼓勵成員協會和它們各自成員間的互相幫助；

（5）探索對所有世界場館管理委員會成員協會互利的項目和活動的交流；

（6）推動國際互聯網的溝通與交流。

二、國際展覽業協會

國際展覽業協會（The Internation Association of the Exhibition Industry），原名國際博覽會聯盟（Union des Foires Internationals），是世界展覽業界權威的全球性組織。它是非政治性和非營利性的組織，其會員來自展覽行業相關的各類機構，包括會展公司、會展場館、行業管理和促進組織，以及擁有品牌展會的各行業協會和商業企業。

（一）國際博覽會聯盟（UFI）的主要任務

UFI 的主要任務是提高全球展覽會舉辦水平，促進國際貿易，加強行業監督、管理和協調，為會員搭設開展合作和交流的平臺。目前，有越來越多的展覽公司及機構申請加入 UFI，特別是來自歐洲以外的國家和地區的公司和機構。

截止到 2004 年 9 月，UFI 成員總數達到 269 個，覆蓋五大洲的 72 個國家、156 座城市，全世界共有 629 個展會得到 UFI 認證的展覽會中，有 80% 是在歐洲舉辦的。UFI 會員每年舉辦 4000 多個國際、國內及地區性展覽會

或貿易博覽會，總展出面積達 5000 萬平方公尺，參展商數量超過 100 萬，參觀者數量達到 1.5 億。

UFI 於 1925 年成立於義大利米蘭，最初由歐洲的 20 家展覽公司發起創建。目前，UFI 總部位於法國巴黎，機構設置中包括管理機構和顧問機構。管理機構包括會員大會、UFI 主席、事務局、指導委員會以及祕書處。此外，UFI 在亞太、歐洲、美洲以及中東非洲分別設立 4 個地區分部。UFI 主席在會員大會上由會員選舉產生，任期 3 年。UFI 的日常事務由祕書處負責處理。UFI 的工作經費來源於會員繳納的會費，會費的數額由獲 UFI 認可的展覽會出租面積來計算。

（二）如何取得 UFI 認證

申請成為 UFI 會員的前提是必須擁有至少一個經過 UFI 認證的展覽會。如果暫時還沒有認證的展會，可以申請成為 UFI 的準會員或者叫預備會員。但是申請認可時，展會最少定期舉辦過三屆。

具體申請程序為：準備申請成為 UFI 會員的會展場館必須儘早向 UFI 提出申請，UFI 首先備案，如果申請 UFI 將其納入當年工作日程，那麼申請在理論上最遲為前一年的年底前向 UFI 祕書處提交所有正式申請文件。申請被受理後，UFI 下設的指導委員會將委派一名或者多名代表前往會展中心實地考察並核查所提交材料的情況，然後出具審核報告。相關的所有費用由申請人承擔。審核報告由指導委員會先行審核，審核通過後向 UFI 大會提交認可提議。

UFI 每年舉辦一次全體會員大會，其中一項議程即為審核由指導委員會提交的認可提議。如果會員出席或代表出席人數 2/3 多數票支持通過認可提議，則可授予其 UFI 認可或 UFI 會員資格。在這之後若發現會員、展覽中心不具備或者不再具備有關條件，將撤銷對其的認可。UFI 大會一年只召開一次，一般從遞交材料到通過審核可能會持續 2 年左右。

會展場館通過 UFI 認證的幾個主要內容：

（1）首先必須獲得會展場館所在國家有關部門的認可，認可其為國際會展場館。

（2）直接或間接外國參展商數量不少於總數量的 20%。

（3）直接或間接外國參展商的展出淨面積比例不少於總展出淨面積的 20%。

（4）外國觀眾數量不少於總觀眾數量的 4%。

（5）會展場館必須可以提供專業的軟硬體服務，展場必須是適當的永久性設施。在具體接待服務方面，向參展商、觀眾，尤其是外國觀眾提供接待、協助以及商旅服務。

（6）所有相關申請表格、廣告材料及目錄必須使用盡可能廣泛的外文，包括英語、法語、德語等。

（7）在展會舉行期間不允許進行任何非商業性活動，但與展會主題內容一致的科學技術類或者教育類研討會可以允許舉辦。

（8）參展商必須是生產商、獨家代理商或者批發商，其他類的商人不允許參展。

（9）嚴格禁止現場銷售展品或者現場買賣。

（10）展會定期舉辦，展期不超過兩週。

（11）申請認可時會展場館最少定期舉辦過三屆展會。

UFI 將特別審核申請認證展會近三屆的相關數據，以考察該展會的連續經營成果，但同時也會根據實際情況個案處理。

（三）UFI 的品牌效應

從中國展覽業整體層面分析，獲得 UFI 認證的展會數量無論從絕對還是相對角度來講，都明顯偏少。例如，土耳其目前擁有的 UFI 認證展會都達到 16 個，而中國只有 19 個。所以，中國國內相當數量的已經有一定基礎和影

響力的展會，完全應該把爭取 UFI 認證的工作提上議事日程。通過 UFI 認證後對會展場館各個層面的整體提升是不言而喻的。

UFI 每年除舉行一次全體會員大會外，其各個技術委員會、地區分會或者諮詢機構還在全世界不同地區，在不同的行業領域內舉辦許多不同類型和規模的研討會及培訓班，參加此類活動都是基於會員自願基礎上。已經成為 UFI 的會員應充分利用 UFI 所提供的平臺，與其他會員開展合作和交流。非會員展覽機構也可以在一定的範圍內參與 UFI 的各項活動。UFI 的年會同時也是世界知名展覽機構交流經驗的最重要的峰會，也是會員之間合作和溝通的最好時機。

作為世界展覽業質量品牌的唯一全球性認證，UFI 的品牌提升效應必將推動中國會展業的品牌化發展。

（四）中國國內成為 UFI 會員的會展場館

（1）蘇州國際博覽中心，預備會員；

（2）中國國際貿易中心，2004 年；

（3）深圳中國國際高新技術成果交易會展覽中心，2003 年；

（4）上海新國際博覽中心，2002 年；

（5）中國國際展覽中心，1998 年；

（6）廈門國際會議展覽中心，2004 年；

（7）廣東現代國際展覽中心，2004 年；

（8）義烏中國小商品城會展中心，2005 年。

香港地區成為 UFI 會員的會展場館是：

（1）亞洲國際博覽館（香港），預備會員；

（2）香港會議展覽中心，2001 年。

三、歐洲主要展覽中心聯合會

歐洲主要展覽中心聯合會（European Majou Exhibitions Centres Association）由 15 家歐洲著名的展覽中心組成。該聯合會成立於 1992 年，其工作重點集中在如何提高展覽會的經濟效益。它包括在歐洲範圍內不斷提高展覽會服務質量；加強舉辦展覽會的技術及商業性手段；完善展覽會舉辦的技術規則；探討如何把展覽會作為開拓新市場的有效手段。EMECA 會員所擁有的展覽中心總建築面積達 836 萬平方公尺，展廳面積為 228 萬平方公尺。

第二節 中外會展場館比較

一、國外著名會展場館介紹

（一）荷蘭的阿姆斯特丹 RAI 展覽中心

有關調查顯示，凡是到過阿姆斯特丹 RAI 展覽中心的人士，都對其高質量的硬體設施和舒適的展覽環境印象深刻。無論是觀眾，還是參展商，他們對 RAI 展覽中心的評價可以簡而言之為：享受高質量的展覽生活。

展覽中心對自身的評價則集中在五個方面：

吸引力：環境溫馨，人性化，參展、觀展經歷難忘。

創造力：建築、資訊通訊技術、後勤保障等各方面的創新隨處可見。

可持續：整個展覽中心的軟硬體環境常變常新，總能帶給人們全新的感受。

國際化：RAI 沒有自己的設施和服務標準，也沒有荷蘭標準，他們只認同國際標準。

和氣生財：自己適度盈利，但要讓客戶和觀眾獲取最大利益。

為了保證設施和服務的「星級」水平。RAI 展覽中心每年都投入專項資金，用於人員培訓、技術更新、設施改進。

當然，RAI 的部分魅力還來自地理位置，他們比鄰荷蘭王國首都的市中心。這與大多數歐美國家的情況大相逕庭。

（二）澳大利亞墨爾本展覽會議中心

墨爾本展覽會議中心 MECC 是業內各種專業獎的有力爭奪者。在國際會議中心協會的「年度最佳會議中心」評選中，MECC 是首屆大獎得主。至於澳大利亞國內的專業獎項，MECC 更是頻繁光顧。

MECC 有自己的一套質量控制體系，但是這套體系又具有靈活性，可以為會展活動的組織者提供定製服務。在 MECC 的所有房間裡都安裝了採用最新通訊技術的影像設備，對於會議舉辦者來說，這是最到位的服務。儘管 MECC 每年都要為此支付大筆的費用，但「設備最先進的會議中心」的口碑，足以使他們賺到更多的錢。

MECC 有非常完備的餐飲設施，這在世界其他會展場館中很少見。一個會議中心配備許多高等級的廚師，這對很多業內場館來說，不外乎是天方夜譚，但這些事實的的確確已經成為 MECC 聲名遠播的「擴音器」。

（三）巴黎會議中心

對於世界各地的商務人士來說，巴黎本身就是一個頗具誘惑力的聖地，而占有地利優勢的巴黎會議中心無疑在全球業界人士心目中占據著特殊的位置。

巴黎會議中心可以承接各種活動，它的專業化程度極高，可以滿足不同活動的各種需要。最近，以巴黎會議中心為首的四家會議中心組成一個大聯盟，這在歐洲是獨一無二的。聯盟形成後，將壟斷在巴黎舉辦的幾乎所有大型會議活動。「巴黎」對於全球商務人士而言，將形成一個統一的會展目的地品牌，這對於巴黎會議中心的未來發展一定會產生巨大的影響。

在這個聯盟中，成員可以彼此共享各方面的優勢：兩個成員分別位於戴高樂國際機場和高速鐵路車站附近，交通便利；一個成員就在舉世聞名的凡爾賽宮內，「請到凡爾賽宮來開會」——這種誘惑誰能漠視。巴黎會議中心

則位於城市的心臟地帶，這使它不由自主地戴上了王者的皇冠，而且巴黎會議中心自身的硬體設施和服務標準也都是世界一流的。

（四）英國格拉斯哥展覽會議中心

格拉斯哥展覽會議中心 SECC 是蘇格蘭舉辦大型公眾活動的官方場所，同時也是整個英國最大的綜合性展覽會議中心。

SECC 擁有 5 個展廳，面積從 700 多平方公尺到 1 萬多平方公尺不等，可以舉辦各類展覽。更讓組展商和參展商們滿意的是，SECC 各展廳之間的隔離牆是可移動的，只要客戶提出要求，展廳面積大小可以隨意調整，最大可以「擴容」到近 2 萬平方公尺，為展會組織者提供了極大的便利條件。

SECC 的基礎設施還包括：酒店、餐館、金融網點、醫務中心、停車場（3000 個車位）。它有自身獨立的火車站、公共汽車站，甚至還建有直升機停機坪。

在很多商務旅遊雜誌上，這座城市被如下定義：格拉斯哥是全英國最大、最有趣的城市之一，也是最具有蘇格蘭風格的城市，至於什麼是「蘇格蘭風格」，恐怕只有親身體驗過的人才會有鮮活的感受。同樣，在一個相對「保守」的國家，SECC 能被評為「十佳」會展中心之一，必定有其獨到之處。

（五）英國倫敦展覽中心

倫敦展覽中心由兩部分組成，即「伯爵院」（EARLSCOURT）和「奧林匹亞」（OLYMPIA），二者相距不過 10 分鐘的步行路程。展覽中心享譽世界，每年在此舉辦 130 多個公共和貿易展覽會，吸引 300 多萬觀眾，總展覽面積超過 10 萬平方公尺。其中，「伯爵院」的單側可調空間面積從 1000 平方公尺到 41000 平方公尺不等。而「奧林匹亞」則從 5300 平方公尺到 58000 平方公尺不等。

展覽中心不僅交通方便，而且住宿也十分方便。距奧林匹亞展覽館兩公里處，就有 27000 間飯店客房，並配有出色的餐廳和招待服務。展覽中心的工作人員經驗豐富，管理水平高，能夠很好地組織各種要求不同的展覽會和會議。展覽中心的硬體設施現代化而且實用，技術服務周到健全。為了更上

一層樓，更好地滿足展覽會的要求，展覽中心已經開始實施一項 2000 萬英鎊的投資計劃，使基礎設施更加完善。

（六）澳大利亞雪梨會展中心

雪梨會展中心為全世界的人們所關注。2000 年的雪梨奧運會期間，雪梨奧組委將雪梨會展中心不同的展廳分離為不同的比賽場館，柔道、摔跤、拳擊和擊劍比賽都在這裡舉行。奧運會結束後，拆除擋板，會展中心又恢復了原來的功能。雪梨會展中心所表現的多功能性，為奧組委節省了大量資金。

多年以來，雪梨會展中心是澳大利亞最大和最先進的會展場館。同時，雪梨會展中心也是全球場館「會展合一」模式的典型代表，目前它的主要營業收入來源比例大致是：展覽收入占 42%，餐飲收入占 29%，會議收入占 22%。「所有雞蛋沒有放進同一個籃子」的營業收入模式保證了雪梨會展中心的穩定發展。

（七）加拿大溫哥華會展中心

溫哥華會展中心是 1986 年溫哥華世界博覽會的主要會場，從那時起，「五帆競發」的設計形象成為這座城市的全新標誌之一。

溫哥華會展中心擁有 8500 平方公尺的展廳和總面積 1540 平方公尺的會議室，這些設施都可以被獨立分為三個自由空間，以滿足客戶的不同需要。中心另有總面積 2600 多平方公尺的休息室和玻璃幕牆隔離的代表區。單純從面積的角度看，溫哥華會展中心並不算太大，但它所提供的出色服務和專業化設備，使得它在全球會展場館中獨樹一幟。

不久前，加拿大聯邦政府總理和不列顛哥倫比亞省省長共同宣布了「溫哥華會展中心計劃」，透過支持溫哥華會展中心的業務拓展，以達到促進當地經濟發展的目的。「溫哥華會展中心計劃」包括一系列的改擴建工程，總投資 4.95 億美元，其中旅遊部門出資 0.9 億美元，其餘款項由聯邦政府和省政府共同籌措。國家和地方政府共同扶持一個會展場館的發展，這在全球範圍內鮮有案例可查。溫哥華會展中心的魅力可見一斑。

（八）澳大利亞凱恩斯會議中心

凱恩斯會議中心是澳大利亞第一座嚴格按照環保標準設計建造的大型公共建築，曾經多次獲得節約能源和環境保護方面的獎項。

會議中心採用特殊設計的雙層褶狀頂棚，可以收集大量雨水，直接輸入儲水箱。這些雨水，可以使會議中心草坪和花園的全部灌溉用水節約 50%。會議中心的所有水龍頭都安裝了特殊裝置，可以節水 25% ～ 30%，太陽能熱水器滿足了會議中心 30% ～ 35% 熱水需求量。

會議中心的建築旁邊安裝了特殊的遮蔽設備，它能隨著陽光照射的角度不同，不斷自動調整方向，最大限度地保持室內陰涼，這項措施據說能節約 5% 的空調用電量。在會議中心的所有製冷設備中，還統一採用了新型冷媒，不會破壞大氣臭氧層。

所有這些綠色環保措施，使凱恩斯會議中心完全突破了人們對會展場館的傳統觀念，會展中心也名副其實地成為「公共設施」。這恐怕是凱恩斯會議中心對於會展業的最大貢獻。

（九）義大利波隆那展覽中心

波隆那展覽中心建於 1965 年，它是歐洲最現代化、最有效率的展覽基地之一。展覽中心共有 17 個展覽大廳，室內展覽面積 15 萬平方公尺，室外面積 8 萬平方公尺，其他設施與服務占地 27000 平方公尺。它還擁有 11 個內部會議廳，10000 個車位的停車場。1995 ～ 1996 年，在展覽中心內部新建了一個火車站，重要展覽會舉辦期間，將開通特別列車，使參觀者能直接乘火車進入展覽會場內，或到達其中特定的地點，比如賓館等。同時還有通向特定製造地區或其他城市的專列。

每年在波隆那展覽中心舉行約 30 個各種專業展覽會，其中 15 個在世界同行業中居領先地位。1996 年在該中心共接納了展覽會 29 個，其他特別活動 9 個，國內外參展商超過 1800 家，觀眾總計 120 多萬名，其中國外觀眾為 11 萬。總的展覽場地面積達 73.9 萬平方公尺，辦展同時，還舉辦了 277 個有關的會議。

（十）義大利維洛那展覽中心

維洛那展覽中心是義大利最古老、傳統最悠久的展覽場所之一（1930 年 10 月啟用），擁有 12 座展館，7 個入口，20.3 萬平方公尺展出面積，其中近 10 萬平方公尺配有各項服務設施，還有一個車位眾多的停車場。該中心除了舉辦各類展覽以外，還可在「歐洲與古羅馬劇場會議中心」組織各種規模的會議。該會議中心擁有 8 個會議廳，1300 個座位及可容納 600 人的大禮堂；因是區塊式自由組合結構，總容量超過 2000 人，並配備有聲像錄放設備和電視電話會議設備。

維洛那展覽中心歷年來經營良好，1996 年營業額達 685 億里拉，共舉辦 30 個展覽，歷時共 120 天，參展商計 11451 家，租場面積 48 萬平方公尺，接待了 90 萬名參觀者，其中大多為專業觀眾。維洛那展覽中心舉辦的展覽主要面向以下領域：農業和食品、建築、建設、後勤、家具、健康和福利、體育、旅遊、休閒等。

（十一）義大利米蘭國際展覽中心

義大利米蘭國際展覽中心有限公司成立於 2000 年 7 月，同年 10 月投入運營，這是義大利主要的展覽中心，從展會質量及展會組織能力上講在歐洲也屬一屬二。

米蘭國際展覽中心是一個多元化的集團，除了展館管理外，經營範圍已涉及貿易展的其他各領域：為貿易人員提供服務包括增值服務，如供應點心飲料、出租展臺器具、輔助參展商和觀眾舉辦相關的研討會和大型活動等。

義大利米蘭展覽中心大致展覽面積為 348230 平方公尺，占義大利展覽場館總面積的 17%。從展會出售面積和所舉辦的國際性活動的數量來看，義大利米蘭國際展覽中心集團是義大利展覽行業的領頭羊，組織和管理的展會活動中，有的是米蘭國際展覽中心自行舉辦的，有的是為客戶舉辦的。2000～2001 年期間，米蘭國際展覽中心所接待的參展商數量占到全國參展商數量的 33.5%，觀眾數量占到全國總數的 40.5%。從出售的淨展覽面積看，

米蘭國際展覽中心在歐洲排名第一，它是歐洲排位第二大展覽中心（漢諾威展覽中心排第一）。

義大利米蘭國際展覽中心的優勢：展覽中心的規模、展覽中心優越的地理位置、展覽中心的品牌效應、展會內容多樣性及展會收入的透明度。

義大利米蘭國際展覽中心的戰略目標是鞏固它在義大利展覽市場上的領導地位，同時有選擇地向海外拓展。從這點看，米蘭國際展覽中心在場館服務及管理上有以下重點：提高會展場館的設施、擴大展會服務的範圍、把服務推廣至米蘭國際展覽中心以外的展會。

（十二）伯明罕國立展覽中心

伯明罕市各種展覽會的主要承辦者是國立展覽中心。此中心於 1976 年由女王揭幕啟用，以後面積逐年擴大。現共有 16 個展覽大廳，總面積達 1.58 萬平方公尺，是歐洲最大的展覽中心之一。每年在此舉行的展覽有 110 個，吸引了來自英國及世界各地 400 萬觀眾。其中許多展覽會是國際著名的，而且展覽會的內容豐富多彩。靈活性和創新精神是伯明罕國立展覽中心取得成功的另一個重要原因。這一點也表現在建築風格及結構上。國立展覽中心外觀宏偉，鋼材和玻璃製成的拱形頂棚及牆壁尤為引人注目。展廳格局並非一成不變，可以根據展覽會的內容要求加以分割利用。另外，中心還附有健全的服務娛樂設施，能夠滿足客商和觀眾多方面的需要。

（十三）布魯塞爾展覽中心

布魯塞爾展覽中心位於歐洲的心臟，離布魯塞爾市中心僅 15 分鐘車程，距國際機場也只需 15 分鐘車程。這是一座多功能的展覽中心，擁有 12 個展廳、12 個 20 ～ 2000 座位不等的會議室，總展覽面積 11.5 萬平方公尺。它是歐洲著名的展覽和會議中心之一，每年接待 300 萬觀眾，舉辦 100 多個各種規模和類型的活動，主要有國際性、區域性專業及普通展覽會、國際會議、國家級會議、各種體育和文化活動、會議、商業聚會、報告會和宴會等。

（十四）日內瓦展覽中心

該展覽中心的地理位置極為優越，它緊鄰飛機場，靠近市中心，無論是乘飛機而來，還是駕車前來，甚至步行都非常方便。因為不管客人是在飛機場、火車站、停車場都可在 10 分鐘內步行到展覽中心。這個中心有 7 個展廳，總面積為 9000 平方公尺。而且所有展廳都在一層。另外還有 20 個多功能的會議廳，可容納 1.1 萬參加者。

這個展覽中心還配有最先進的聲像和同步翻譯設備，能滿足各種會議的要求。4 個餐廳可滿足 2000 位客人同時就餐。

（十五）法國里昂展覽中心

里昂展覽中心具有 92000 平方公尺室內展覽面積，從 6000 到 11000 平方公尺不等的 10 個大廳分布在底層上。室外展覽面積為 11 萬平方公尺。該建築中心是一個圓頂大廳，用來指示方向和進行活動。會議中心可容納 1000 人。另外一個研討會和會議區域，有 17 個房間，可容納 25 ～ 900 人。該中心設備先進，具有現代化的通訊系統與衛星網路連接。新聞中心是常設機構。服務設施齊全、飯店和住宿及娛樂場所為來參加展覽的客人提供優質服務。展覽中心地處交通方便地帶，距飛機場和火車站均只有 15 分鐘的車程。還有多條公路直接通向這裡。中心還為參展商、貨車和觀眾分別提供專門入口。

二、中外會展場館比較

（一）管理機構歸一化

作為國家經濟和國際貿易發展戰略中的一個重要環節，作為城市發展建設的標誌性建築，歐美會展場館的發展受到了各國政府的高度重視。幾乎所有的國家都設有單一的國家級的會展場館管理機構或專業協會。管理機構具有唯一性、全國性和權威性。

而中國目前會展業管理體制混亂，缺乏統一、權威的管理機構。各部門多頭管理，中央、地方一起做，審批時間長、程序複雜，導致資源浪費、時間滯後，不適應高速發展的當前社會。

（二）場館管理人才培訓正規化

會展業是一個有著廣闊發展前景的行業，目前國際會展場館的招待和接待服務工作越來越專業化。專業化的工作需要高素質的專業人才，高素質的專業人才需要良好的培養訓練機制。歐美國家在普通高等教育體系中開設了會展專業課程。隨著會展業的發展，歐洲已出現諸如英國伯利茲大學旅遊接待業管理學院等以培養會展人才為目標的名牌學院。

真正創造場館效益的是智力（包括資訊、組織能力、綜合協調能力等）而不是資金（建設場館）。目前中國缺少的就是既具有會展場館經營管理知識，又具備營銷技能的專業人員。會展場館從業人員多數是半路出家，而非招展、廣告、策劃、布展等方面的專業人士。可喜的是中國場館已經意識到這個問題的存在，開始加大場館專業人才的培養計劃。

（三）在場館舉辦展覽和會議的機構專業化

歐美在 1950、1960 年代，許多專業的展覽和會議都是由行業協會主辦的。隨著展會之間競爭日趨激烈，越來越多的行業協會把隸屬自己的展會全部或部分交給專業展覽公司去運作與經營。這樣，在場館舉辦展覽和會議的機構都是專業公司，增強了專業度，促進了場館發展。

中國會展場館曾經由一些非市場化的發起單位和部門全部或部分壟斷，這些單位和部門還沒有意識到中介公司提供服務的效率會更高。因此，場館經營和管理在目前還處於一定的壟斷階段。

（四）場館經營集團化

場館的激烈競爭體現為場館經營公司在資金、人力資源、國際營銷網絡等方面全方位競爭。大型場館經營集團憑藉自身優勢，透過兼併收購中小型場館來整合場館資源，場館經營管理呈現規模化、集團化趨勢。例如，法國會展市場主要由愛博、博聞、巴黎展覽委員會、勵展四大集團控制。德國的漢諾威展覽公司負責協調和籌備在漢諾威舉辦的所有展覽的展場營建、出售展位、廣告公關等全部活動。而經營法蘭克福博覽會場館的 MESSE

FRANKFURT GMBH 公司共有員工 550 人，在全球設立 64 家代理公司，負責全球 103 個國家的業務聯繫工作。

而中國目前有很多小型會展場館，往往依附於政府辦展，而有獨立辦展能力的場館很少，即使獨立辦展，也要拉上政府作為後盾。在這些場館承接的展覽中，展會規模很小，沒有形成名牌效應。這樣的場館，自然不具備和世界上集團化的會展場館競爭的能力。所以我們應該將場館做大做強，做成集團化、品牌化的場館，舉辦品牌化的會展。

（五）場館經營品牌化

場館要創品牌。一個著名的品牌能救活一個企業，一個品牌化的場館是場館賴以生存和發展的根本，幾乎所有的場館都已認識到創造品牌的重要性和迫切性。一個場館必須創出品牌，一屆一屆辦下去才可能盈利。因此，成功的場館需要有鮮明的特點和長遠的規劃。歐美國家在進行場館經營時，每個展覽會的舉辦計劃都是由組織者與參展商、各國聯合會、協會等密切協商後制訂出來並根據不斷變化的市場條件進行調整。比如每年春天在德國漢諾威舉辦的「工業博覽會」，其前身是 1947 年的「德國出口博覽會」，到目前已舉辦了 50 多屆。

在場館品牌化方面，北京已經初露端倪。1990 年代以來，北京興建了很多的會展場館。這些場館先後成功舉辦了很多的展覽和會議。但是目前中國的會展場館沒有擔當起承辦一個大型的品牌會展的責任，而僅僅是會展的承辦方，這就要求中國的會展場館要有長遠眼光、勇於投資、勇於承擔風險，去主動創辦品牌化的場館，而不是惡性競爭，去克隆知名品牌會展場館。

（六）場館運作國際化

隨著世界經濟全球化的進程，歐美場館的國際化水平也越來越高。場館不再滿足吸引本地區、本國的參與者，而是力爭提高場館的國際參與程度，提高場館的全球影響力。

而中國的場館的參與者仍以中國國內廠商和觀眾為主。中國的場館經營與管理應該轉向國際化運作思路，加大場館的國外宣傳力度，同時利用中國

的旅遊優勢，吸引國外廠商和觀眾，提升中國會展場館的國際化水平和國際影響力。

第三節 中國會展場館的發展

一、香港會展中心

香港會展中心是亞洲第二大的會議及展覽場館，規模僅次於日本。會展中心同時擁有兩幢世界級酒店，一幢辦公大樓，一幢服務式住宅。

香港會議展覽中心由香港貿易發展局擁有，是亞洲首個專為展覽會議用途而興建的大型設施，並由香港會議展覽中心管理有限公司負責管理。大會堂前廳的玻璃幕牆高達 30 公尺，擁有 180°寬廣的海港景觀。香港會展中心新翼與原有的會展中心間，由一條長 110 公尺長的天橋走廊連接。

香港會議展覽中心新翼坐落在面積為 65000 平方公尺的填海人工島上。有三個大型展覽館，提供 28000 多平方公尺的展覽面積，可容納 2211 個標準展臺；又有不同大小的會議廳房共占地 3000 平方公尺，以及一個面積 4300 平方公尺的會議大堂。此大堂舉行會議可容納 4300 人，舉行宴會則可招待 3600 名賓客，是全球最大的宴會廳之一。會展中心有五間展覽廳，總共 46600 平方公尺，兩個會議大廳共 6100 平方公尺，52 個大小會議室。

上海新國際博覽中心由浦東土地（控股）公司和德國漢諾威展覽公司、杜塞道夫展覽公司和慕尼黑國際展覽公司共同投資建成。上海新國際博覽中心每個展廳規模為 70 公尺 ×166 公尺，展覽面積為 11547 平方公尺，展廳均為一層無柱式結構，全部建成後將擁有 17 個展廳，三個入口大廳和一座塔樓，總展覽面積為室內 20 萬平方公尺，內設商務中心、郵電、銀行、報關、運輸、速遞、廣告等各種服務，以其一流的設施為中外展商提供一個理想的展覽場所。

二、上海新國際博覽中心

上海新國際博覽中心建成初期就達到室內展覽面積 45000 平方公尺和室外展覽面積 20000 平方公尺。2002 年又一新館落成開放，目前 5 個可租用展廳的室內展覽總面積達到 57000 平方公尺。全部竣工後，上海新國際博覽中心將擁有 200000 平方公尺室內展覽面積和 50000 平方公尺室外展覽面積。

上海新國際博覽中心由中德合作，是中國第一個集高度功能性和獨特的建築設計風格為一體的展覽場所。上海新國際博覽中心標誌著亞太地區最具現代感、最有效益的展館落成。

慕尼黑、杜塞道夫和漢諾威等專業展會的主題正不斷融入中國市場。此外，展館還恭候其他展會組織機構的光臨。與國際展商、中國行業協會及部委機構的緊密合作也源自慕尼黑、漢諾威和杜塞道夫展覽公司的專業獨到的策劃及活動理念。

三、上海展覽中心

上海展覽中心 1955 年建成，是典型的俄羅斯建築，被評為「上海市十佳建築」。

上海展覽中心坐落在上海繁華地段，展廳富麗堂皇，展區環境優美，配備數十間辦公會議及技術交流用房。中心內設展覽經營公司，能夠獨立組織承辦國際和本國展覽展銷會；展覽設計公司能夠承擔規模不一的國際性或地區性展覽的總體設計、特殊裝修設計等各種從項目構思到設計、繪圖等一系列完整的設計業務。

四、中國出口商品交易會展覽館

中國出口商品交易會展覽館面積達 16 萬平方公尺，是中國大陸最大的場館之一，以舉辦每年兩屆的中國出口商品交易會聞名於世。

館內共有 14 個展館，能同時容納 6000 多個標準展位，各館既能相連又可自成一格，適合不同展覽的需要。場館設備先進，功能多樣，有 11 個配備現代化設備的會議中心（室），也有來賓報到處、商務中心、客戶休息區、

餐飲旅遊業等配套服務，為參展商及參觀者提供全方位的優質服務。展館在國際因特網上建立了獨立網站，可為組展商提供免費網上宣傳，並為參展商提供現場網際網路的接入服務，在資訊經濟大潮中，提供無限商貿先機。

中國出口商品交易會展覽館緊跟時代步伐，近年來多次投入巨資對展館進行改造更新，其硬體設施條件日益完善，足以接納各種類型展覽。中國出口商品交易會展覽館的經營機構——中國對外貿易中心（集團），擁有服務門類齊全、專業化、高素質的員工隊伍，積四十餘年辦展經驗的同時對展覽服務也不斷推陳出新，著意提高服務配套水平和建立靈活、快速的市場反應機制，能提供全方位的、有求必應的服務。

中國出口商品交易會展覽館坐落在廣州市四條主要幹道交會處，位於最繁華的黃金地段，地理位置得天獨厚，交通便捷。尤其是多年來辦展形成的知名度和積累的商譽在展覽業界和廣大市民中有口皆碑，人氣匯聚的顯著效果使展館成為各類展覽的首選之地。

在會展業已日益成為中國眾多城市的朝陽產業的潮流下，廣州市正在加快現代化中心城市的建設步伐，在全中國位居前列的經濟增長速度和年年求變創新的市政環境建設，將為廣州市展覽業提供更為廣闊的發展空間。

中國出口商品交易會展覽館建於 1974 年，占地 9 萬平方公尺，展覽面積達 16 萬平方公尺，是中國目前最大的展覽館之一，因每年舉辦春季、秋季中國出口商品交易會而聞名，是廣州市「十大建築」之一。

中國出口商品交易會展覽館地處中國南方最大城市廣州，占經濟中心城市有利地位，受重商文化薰陶培育，在當地經貿活動極其活躍的背景下，每年舉辦 80 ～ 100 個展覽，是廣州乃至華南地區舉辦展覽數量最多、展覽規模最大、展覽層次最高的展覽館。內容涉及家具、建築裝飾、美容美髮、皮革、電腦、通訊、汽車、廣告等多個題材，其規模、知名度和吸引力，不僅在華南地區首屈一指，在中國範圍內也是名列前茅。中國出口商品交易會展覽館因此居展覽業界之翹楚地位，廣州市也因此成為中國「三大展覽城市」之一。

五、深圳中國國際高新技術成果交易展覽中心

深圳中國國際高新技術成果交易展覽中心建成於 1999 年 8 月，是深圳市政府為舉辦每年一屆的中國國際高新技術成果交易會投資興建的一座大型現代化展覽館。

深圳中國國際高新技術成果交易展覽中心位於深圳市福田中心區內，深南大道旁，占地 77000 平方公尺，建築面積 54000 平方公尺，展覽面積 36000 平方公尺。展館內功能設施完善，共有 A、B1、B2、B3、C、D、F1、F2 八個展區，設有貴賓廳、多功能廳、新聞發布廳、餐廳等配套服務設施，配有先進的電腦網路系統、參展人員登記系統、消防系統、廣告發布系統，是集展覽、會議、商務、娛樂為一體的多功能現代化場館。已成功舉辦「高交會」及其他行業展覽會共 90 多個，並計劃每年舉辦包括「高交會」在內的展覽會 60～100 個。

目前，深圳中國國際高新技術成果交易會展覽中心已擁有一支高素質的展覽服務人才隊伍，成為中國第一家獲得 ISO 9002 質量體系國際認證的展覽企業，初步建成了以電腦網路技術為先導、以展覽業務為龍頭、以展覽工程為主體、以物業經營管理為基礎的展覽服務體系。

六、武漢科技會展中心

坐落於武漢東湖之濱的武漢科技會展中心，是由武漢高新技術產業風險投資公司直接投資興建的一所大型智慧化、多功能、綜合性的會展中心（分科技會展和綜合展覽兩個主體）。

正在建設中的二期工程（綜合展館）預計總建築面積 45000 平方公尺，其中有高淨空、大跨度的國際化展廳，設施完備的各類型會議廳，以及辦公大樓、餐廳、酒店公寓等其他配套設施，展場外還配有綠化廣場。該綜合展館的建成，將為各種大型展覽、會議、展示活動提供一個理想的會展空間。

規劃總建築面積 67000 平方公尺，其中，展廳 30000 平方公尺、會議廳 5000 平方公尺，其他設施 32000 平方公尺。工程分兩期建設，現第一期建

築面積 22000 平方公尺的科技會展中心已交付使用，其外觀精緻典雅、線條流暢，內部布局新穎，集商務、展覽、會議、餐飲為一身。

一層商務中心：占地 800 平方公尺的商務中心融電信服務、套房預訂、票務預訂、策劃於一身，同時提供專業多媒體設計與製作、展示，廣告設計及現場工藝製作等服務。

電腦控制中心：位於會展中心三層半，具有電腦網路、程控交換機、電視監控、背景音樂及智慧通道系統控制、ISDN 高速接入網際網路等硬體設施。可為客戶提供電子郵件、資訊查詢、文件下載及遠距視訊、音訊傳輸等服務。

二三層展廳：展廳總面積 10000 平方公尺，可提供 500 多個國際標準展位。展廳淨高 6 公尺，輕鋼龍骨吊頂，花崗岩地磚，配有中央空調、燈光、音響、觀景電梯、電動扶梯、大噸位貨梯。可舉辦各種大、中、小型展覽、展示活動。

四層會議廳：標準會議室共有 6 間，總面積為 1320 平方公尺，每間風格各異，適合各種不同規格、不同要求的會議，同時有先進的同步翻譯、會議表決、視訊會議等配套設備。

多功能的圓形會議廳：圓形拱頂構造依據聲學原理設計，面積為 1000 平方公尺，能容納 600 ～ 800 人，可舉辦各種大型商貿、學術會議及音樂、演唱會、時裝發表會等活動。配備有最先進的影音裝置和同步翻譯設備。

五層餐廳：1200 平方公尺的中餐廳內設 6 個豪華包廂，由名師精心主理，提供最新的粵、川、湘和本地風味美食。在享受美味佳餚的同時還可以欣賞到窗外優美的自然風光。西餐廳風格考究，除提供正宗的法式、義大利式大菜外，還提供物美價廉的自助餐和經典咖啡美酒。

七、大連星海會展中心

大連星海會展中心地處大連城市西部商業中心區，距火車站 4.5 公里，距海港 7 公里，距國際機場 5 公里，占地 8.6 萬平方公尺，建築面積 10 萬

平方公尺，依山傍海而建，建築整體為玻璃幕鋼架結構，是一座集展覽、會議、貿易、資訊、餐飲娛樂等多項功能於一體的豪華式的現代化展覽場館。自 1996 年 6 月建成以來，以其宏偉的氣勢、完美的設計和精良的設施成為大連的城市標誌之一。

大連星海會展中心展區面積 2.5 萬平方公尺，主展區分東、西兩大展場，又可根據需要分割成面積不等的多個獨立展廳。展場設施及技術配置先進，服務項目齊全，可為參展商提供水、電、通訊等各方面的需求，具當今中國國內一流水準。

7500 平方公尺的國際會議區分布著十餘個規格不同、風格各異的會議廳（室），同步翻譯等會議設備先進，可承接慶典、宴請、學術會議、商業洽談等各類活動。

大連星海會展中心始終堅持走國際化、專業化道路，以強烈的追求精品意識，全方位地拓展經營領域。現已基本形成了以場地銷售為主體，以會議策劃與接待、展覽工程設計裝修、廣告、物業管理、資訊諮詢等多項配套服務為補充的綜合經營體系，經營管理水平迅速提升。

堅持自主辦展一直是星海會展中心努力的方向。幾年來，中心一直秉承市場化、專業化、國際化的辦展原則，不斷強化營銷手段，發掘資源潛力，建立完善強大的客戶資訊庫，為今後發展奠定了堅實的基礎。作為自主辦展的龍頭項目，中國大連國際海事展覽會經過四年的開發和培育，面積已突破 2 萬平方公尺，海外參展商超過 40%，已成為中國海事業界最具權威的盛會。

八、重慶技術展覽中心

重慶技術展覽中心是重慶市唯一的一所現代化的專業展覽場館，是重慶市的標誌性建築之一，地處國家級重慶高新技術產業開發區內，地理位置優越，交通便利。展館緊鄰成渝高速公路重慶段起點，周邊設有公交汽車直達重慶火車站、長途汽車客運站、朝天門港，經渝長高速公路行車 30 分鐘可抵達江北國際機場。

　　重慶技術展覽中心擁有一支高素質的辦展隊伍，具有豐富的辦展經驗和較高的辦展能力，可為客戶提供租賃、廣告、展覽工程、倉儲運輸、餐飲、泊車等多項服務，可承接中外各種類型展覽、獨立主辦或合作舉辦各類展覽。

　　自 1998 年建館以來，重慶技術展覽中心已多次成功地舉辦了「中國重慶高新技術成果交易會」、「中國重慶投資貿易洽談會暨三峽國際旅遊節」、「重慶房地產展示交易會」和「第 88 屆中國全國百貨洗化展」等區域性、國家級展會和許多其他各種類型的展會 200 餘個，接待中外賓客達 500 多萬人次，創造了良好的社會效益和經濟效益。

　　重慶技術展覽中心有圓館和方館兩個展館，總占地面積 24000 平方公尺。總建築面積 45000 平方公尺。展場面積 25000 平方公尺，可搭建 1250 個國際標準展位（配有寬頻網接口），全部按國際標準展館設計。另有室外廣場 3900 平方公尺，各類會議室 8 個（總面積 2300 平方公尺）及多功能廳、咖啡廳、貴賓室、嘉賓室、地下停車庫、倉庫及現場服務中心等配套設施。

　　展館內設咖啡廳、多功能廳、會議室、地下停車庫、倉庫、辦公間等配套設施。除可供會議、商務、展品運輸、展覽工程、餐飲、泊車等多種日常服務外，展館還注重提高自身服務能力，不斷拓寬服務範圍，力求與國際展覽服務慣例接軌。目前已開通了網上招展服務、現場觀眾的電子化管理及本區域專業觀眾的組織三大服務功能，在此基礎上還可提供專業市場調查等高品質的展覽深入服務項目。展館全體工作人員熱情周到、專業快捷的工作態度和質量，造就了良好的商務氛圍，展館周邊眾多的賓館、飯店及展館優惠的合作價格，更使社會各界人士在會議展覽期間倍感輕鬆、便捷。

九、陝西國際展覽中心

　　西安充分利用得天獨厚的地理區位、文化旅遊、投資環境等資源優勢，以先進的品牌營銷策略與管理技術搶占展覽市場的制高點，建立統一、公平、競爭、有序的市場體系，逐步形成以展覽公司為主，政府參與為輔，市場化、產業化、規範化的運作模式。

中國加入 WTO 和西部大開發的戰略，為陝西會展業提供了新的機遇，會展經濟已成為陝西經濟發展新的增長點。

陝西國際展覽中心發展優勢：

（一）西部開發的橋頭堡

陝西國際展覽中心位於西安市南北中軸線上，南臨二環路，地理位置優越，交通便利。陝西國際展覽中心於 1997 年 3 月投入使用，建成初期就成功舉辦了中國第一屆東西部貿易與投資合作洽談會。在時間緊、展會經驗欠缺的情況下，全體員工團結一心，保障了貿洽會的圓滿成功，受到了來自全中國各地參展商的好評。至今，陝西國際展覽中心已經主辦了 9 屆中國東西部貿易與投資合作洽談會，並且成功舉辦過下列展會：香港優勢博覽會、中國全國植保系統展覽會、中國全國第九屆書市、中國全國紡織品展覽會等有影響力的大會。同時，也舉辦過多次西部房地產博覽會、西部國際建築裝飾博覽會、西部醫藥器械博覽會等，為西部展覽的發展作出了自己的貢獻。

在中國加大對西部經濟的開發力度後，陝西國際展覽中心利用良好的地理優勢和政策傾向，根據自身的實際情況進行各項工作，先後在經營策略、管理機制、服務體系、人文精神等層面上進行了改進和充實，進一步適應目前展覽行業對展館的高標準需求，成為東西部溝通的橋樑與媒介，在西部大開發中造成了積極作用。

（二）中西貿易重要的商品集散地

西安是中國中西部地區重要的科技、文化、教育、商貿、旅遊、金融中心，是中國區域經濟布局中，具有承東啟西、東聯西進的樞紐作用。

2000～2004 年，西部地區國內生產總值年均增長 10% 左右，60 多項重大交通、能源、水利、生態工程在西部相繼開工，一大批已建成的項目開始發揮經濟、社會和生態效益。西部人的思想觀念正在轉變，發展想法已經明確，許多措施正在得到落實。

西安是中國西部地區最大的商貿樞紐和物資集散地，商業網點縱橫交織，集貿市場星羅棋布，商品品種齊全，貨源充足。多層次、多元化的商品集散

網，輻射中國西北、西南地區乃至中國全國商貿市場。以連鎖、倉儲經營為代表的倉儲式超市、綜合大型超市、專賣店等新型商業迅速崛起，購銷總量大幅提高。麥德龍、好又多、家世界、百盛、國美、蘇寧等海內外商業巨頭紛紛登陸西安。西安還是中國西北地區最大的金融中心，形成以國有商業銀行和國家政策性銀行為主體，多種金融機構並存的多元化、多層次的金融體系。現代電子科技、衛星通訊已在西安金融業得到廣泛應用，銀行匯兌和結算快捷，服務手段先進。

（三）雄厚的產業基礎

經過幾十年的發展，西安已形成了以機械、電子、紡織、輕工和航空工業為主，兼有化工、醫藥、建材、冶金、食品、高效農業等行業門類齊全的工業體系，是中國重要的輸變電成套設備、航空、航天、紡織、儀器儀表、工業縫紉機和電子產品的生產基地。

（四）豐富的旅遊資源及充足的接待能力

西安是舉世聞名的國際著名旅遊城市，不僅擁有得天獨厚的人文景觀，還擁有秀麗宜人的自然景觀。旅遊已成為西安的優勢產業。作為世界熱門旅遊城市，西安具有充足的接待能力和優良的服務。現有各類賓館、飯店、招待所 1500 多家，三星級以上賓館 56 家，可提供高、中、低階床位 17 萬張以滿足不同消費水準賓客的需求。

（五）便利的交通與通訊

西安作為中國西北地區的交通樞紐，已形成了以航空、鐵路、公路為主的四通八達的立體交通網絡。西安咸陽國際機場已開通 80 多條中國國內航線、10 條國際航線。從西安通過的隴海—蘭新鐵路主幹線及以西安為中心的五條鐵路支線、三個客貨站、一個編組站組合構成西北地區最大的鐵路交通樞紐。西安擁有國際一流的數位微波、光纖、光纜、衛星和電腦處理等交換和傳輸手段的電信業，是全中國六大微波通訊中心之一，可與境外 200 多個國家和地區、中國國內 2000 多個市、縣直接撥號通話。

隨著西部大開發的進程，陝西的會展業日趨專業化、市場化、國際化、規範化，市場活躍，前景廣闊。目前，僅西安就有專業展覽公司 120 多家，每年舉辦 100 多個展會，其中全國性、區域性大型綜合和專業展會占近一半。如中國全國糖酒交易會、中國全國煤炭訂貨會、中國全國圖書展銷會、中西部地區合作與貿易洽談會等一系列規模大、影響廣、層次高的展會在西安成功舉辦。展會內容涉及科技、旅遊、商貿、電子資訊、現代生物與醫藥、裝備製造、綠色環保產品、文化教育、房地產等方面，體現出陝西的優勢產業，具有強勁的帶動輻射作用。陝西國際展覽中心在會展經濟已成為經濟發展新的增長點的同時，正日益成為西部會展業的橋頭堡。

十、西安國際展覽中心

西安國際展覽中心由西安市人民政府投資興建，設施先進，功能齊備，智慧化水平高，是目前西北地區規模最大，具有專業化和國際化的展覽活動場所。

展館主跨 78 公尺，兩側飛翼各 50 公尺，高度 27 公尺。屋面及裝飾殼體均採用新型複合式鋁合金型板，外立面採用中空玻璃幕牆。整個建築外觀似鯤鵬展翅，形態高雅，具有很強的時代感。中心內廣場用硬質石材鋪面，兩側配有園林綠地以及相當規模的室外展場和停車場。

西安國際展覽中心由西安市商貿委組織施建，於 1999 年 11 月 18 日破土動工，2000 年 10 月 2 日投入使用。歷時十個月，總投資 2.3 億元人民幣。展覽中心位於西安市南部會展路，西臨陝西電視塔，東臨西安國際會議中心，占地 133340 平方公尺。展覽中心是由 46000 平方公尺展館和 80000 平方公尺中心廣場兩大部分組成。

十一、蘇州國際會議展覽中心

蘇州國際會議展覽中心是經蘇州市人民政府批准，由蘇州恆和集團投資興建的蘇州唯一的高標準會展場館。

蘇州國際會議展覽中心位於蘇州市東西軸心幹道，東接中新合作蘇州工業園區，西臨蘇州高新技術開發區，南依蘇州市行政中心、北靠高級商貿小區，毗鄰多家涉外星級賓館、飯店。

蘇州國際會議展覽中心現有展館面積 15000 平方公尺，展館廣場 5000 平方公尺，可設置國際標準展位 550 個。

蘇州國際會議展覽中心自 1999 年 9 月正式運轉以來，已成功地舉辦了多次大型展覽會，一流的管理經驗、完善的服務功能和雄厚的實力，為商家把握拓展市場和鞏固市場提供最佳商機。

蘇州國際會議展覽中心展位配套設施，按國際慣例設計，經過 PDS 綜合布線，強電、弱電、資訊、通訊等能到達各個展位。與此同時，借鑑中外先進的展會管理經驗，每次展覽活動均有專門的項目員統籌協調和實施。眾多員工的專業服務，隨時滿足中外客戶與觀眾的要求，保證每次活動的圓滿進行。

蘇州國際會議展覽中心的主要功能是主辦、協辦、承辦國際、國內各種展覽會。在國家有關部委、江蘇省人民政府的大力支持下，蘇州國際會議展覽中心憑藉優良的設施，良好的服務，已成功地舉辦了多個大型展覽會，贏得了廣泛的好評。

十二、昆明國際貿易中心

近年來，雲南省委、省政府高度重視會展業的發展，提出要把國貿中心建成中國會展基地的戰略構想，要求國貿中心努力成為「中國一流、西部第一」的會展中心，為雲南經濟社會的發展作出更大的貢獻。

昆明國際貿易中心領導團隊及全體員工抓住雲南培育和發展會展經濟的契機，在場館硬體大修和改擴建的同時，對內拚建設、做管理，對外求拓展、樹形象，突出軟體建設，強化營銷手段，不斷提高總體服務水平，以星級的服務標準迎接八方賓客，以嶄新的姿態融入中國會展經濟大潮。

昆明國際貿易中心場館占地面積 12.5 萬平方公尺（另有發展用地 6 萬平方公尺），建築面積 12 萬平方公尺。整個場館是一座框架結構、網架屋面、玻璃幕牆、花崗岩地坪的現代化展覽館，劃分為中央大廳、商務中心、展廳、國際會議中心、多功能廳、宴會廳、辦公大樓、辦公區、娛樂區等功能區域，擁有程控電話、消防監控、展廳中央空調、供配電、衛星通訊等九大系統技術裝備。

廈門國際會議展覽中心是由廈門市政府投資，廈門國際會展新城投資建設有限公司建設、經營的，集展覽、會議、資訊、交易、商貿洽談等大型活動為一體，並配套商務、廣告、賓館、餐飲、娛樂、保稅倉儲等服務的大型現代化展館。會展中心距市中心、火車站、機場分別為 5 公里、7 公里、12 公里，城市主幹道交會於此，是廈門島東部的交通樞紐，交通十分便利。

十三、廈門國際會議展覽中心

廈門國際會議展覽中心擁有一支既有理論知識又有實踐經驗的會展專業隊伍，全體同仁秉承「卓越創新、敬業奉獻」的企業精神，為將在此進行的會議展覽活動提供最優質的服務。

會展中心占地 47 萬平方公尺，總建築面積 15 萬平方公尺，由主樓和輔樓組成。主樓長 432 公尺、寬 105 公尺、高 42.6 公尺。位於展廳前的大堂及功能前區面積近 4500 平方公尺，高 18.5 公尺，可容納 3000 人參加開幕式。展廳總面積 3.3 萬平方公尺，皆設在主樓第一層，可設 2000 個標準展位，展廳可同時使用，也可分隔為 A、B、C、D、E 5 個展區單獨使用；各展區面積均為 6560 平方公尺，淨高分別為 7.6 公尺、10 公尺、15 公尺，地面負載分別為 1 噸／平方公尺和 3.5 噸／平方公尺；兩翼各有跨度為 81 公尺 ×81 公尺的無柱展區。

展區內給排水、220/380 伏電源、空壓氣、電腦端口等都分布到位。展廳後側均設有貨物裝卸平臺，大型集裝箱拖車可直駛入展廳，滿足舉辦大型展覽會的需要。主樓第三層為交易廳，面積 2000 多平方公尺，可舉辦輕型展覽和其他活動，從大堂到輕型展廳有多部自動扶梯和電梯直達。

主樓二層以上有 20 餘間中高檔會議室，總面積 5510 平方公尺，面積從 48 平方公尺至 2164 平方公尺不等。其中，位於主樓四層的圓形國際會議廳，面積 684 平方公尺，設有 300 個座位，配有 6 聲道同步翻譯系統和大型多媒體投影儀等現代化的會議設施；主樓頂層中央 2164 平方公尺的大型多功能廳，可供 1500 人宴會和 2500 人集會。此外，主樓兩翼頂層各有一面積約 6000 平方公尺的屋頂花園，是休閒、觀海的好地方。

配合展覽、會議和其他活動的舉辦，主樓內還設有貴賓廳、接待室、觀海廳、資訊中心、新聞中心、商務中心、快餐廳、咖啡廳等以及展覽期間海關、商檢、衛檢、銀行等臨時辦公場所。輔樓內設客房、娛樂、餐飲、購物、康樂健身等場所和設施。

十四、南京國際展覽中心

南京國際展覽中心坐落於南京市區的東北部，東接紫金山，西鄰玄武湖，依山傍水，風景秀麗。南京國際展覽中心以其優美新穎的建築造型、現代化的功能設施成為古都金陵的一道亮麗風景線。

南京國際展覽中心緊鄰南京東部的交通樞紐——新莊立交橋，其東側為城市快速幹道——龍蟠路，交通便捷，四通八達。距南京火車站 1 公里；距南京長江大橋 3 公里；距南京長江二橋 5 公里；距滬寧高速公路入口 7 公里；距長江最大口岸——新生圩港 15 公里，由龍蟠路向南可直達南京祿口國際機場。南京國際展覽中心展位配套設施按國際慣例設計，經過 PDS 綜合布線，強電、弱電、資訊、通訊、給水、排水、壓縮空氣等經地下管溝到達各個展位，設施完備，服務周到，可以滿足各種類型展覽會的需要。地下層為設備用房及可容納 250 輛機動車的停車庫。展覽中心地面、地下機動車總泊位近、遠期可達 500 ～ 800 輛。一二層及其夾層中配有足夠的觀眾服務區域，包括洽談室、新聞中心、會議室、速食部、庫房等。三層設有近 3000 平方公尺的多功能廳、商務用房、貴賓接待廳和大小餐廳等，臨湖觀景廊可欣賞到玄武湖的秀麗風光。

　　南京國際展覽中心為客戶創造價值，為社會創造效益。南京國際展覽中心是按照當代國際展覽功能建設的大型展覽場館，配套設施齊全，占地 12.6 萬平方公尺，總建築面積 89000 平方公尺，共有 6 個展廳，擁有 2068 個國際標準展位，具有承辦單項國際博覽會、中國全國性貿易洽談會的能力。展廳擁有 2068 個國際標準展位，展位配套設施齊全並且按國際慣例設計，展廳分上、下兩層，每層又靈活分隔為三個展廳，可分可合，均能獨立對外開放。一層北部展廳為下沉式展廳，淨高 8 公尺，室外設有展場，室內展廳地面設計荷載 5 噸 / 平方公尺以適應重型機械及大型設備的展覽需求。一層其他兩個展廳地面荷載 3 噸 / 平方公尺，展廳層高 8.7 公尺，淨高為 6 公尺。二層三個展廳樓面荷載 0.8 噸 / 平方公尺，展廳是一個 75 公尺寬 245 公尺長的無柱大空間，由 75 公尺大跨度的鋼桁架承托的弧形屋面所覆蓋。

案例分析

深圳會議展覽中心

1. 市場運作：新展館將接受考驗

　　深圳會議展覽中心的建設伴隨著深圳會展業的發展，可謂「十年磨一劍」。起步於 1980 年代末的深圳會展業，有過輝煌也有過低潮。深圳的第一個展館是中外合資建造。在政府配合作用下深圳會展業和企業曾經最早以市場為主導，開全中國先河之風。1999 年，深圳市人民政府以辦「高交會」為契機推動了深圳會展業再度崛起，新建的高交會展覽中心雖然是臨時建築，但為深圳大小展會提供了平臺，許多展覽項目在這裡從小變大。

　　近期，政府解決了相關部門長期以來對深圳展覽業管理分工不明的問題，這也為新展館將來能否真正市場化運作提到議事日程創造了良好的機遇。

2. 借鑑香港經驗：物業管理經營兩分開

　　深圳會展中心建築面積 25 萬平方公尺，功能標準基本完備，並適應未來十年的長遠發展。所以一開始就應把物業管理這部分單獨考慮，以保障會展中心的正常運作為主，建築物出租帶來贏利為輔。基礎設施的維護專業性

強，要隨時保證為各項活動提供最佳平臺，同時充分利用建築的各個部分，在不影響整體風格的前提下，提供商業用途，增加服務內容，擴大經濟效益。

學習香港的經驗，將會展中心的物業管理和場館經營分開，制定一套有深圳特色、實事求是的運作模式，可從以下兩方面來劃分：物業管理—設備、技術保障、保安、消防、清潔、商場出租等；場館經營—場館、會議室、宴會廳出租、客戶服務、商務餐飲服務、資訊網路等。根據這兩方面的特性，物業方面採取招標的方式引進管理公司，場館經營的團隊對社會公開招聘、考核選拔人才。建議政府出面並以招聘形式組成董事會，董事會實行總經理負責制，董事局成員由政府、投資單位、深圳品牌展會機構以及場館經營公司和物業管理公司派人共同組成。董事局下設監事會，經營部門對董事局負責，年終由董事局綜合評估社會和經濟效益，制訂人事任免以及發展規劃。

3. 運營概念：面對前所未有的挑戰

目前世界各地會展場館的運營與管理都面臨前所未有的挑戰。對深圳而言，競爭還來自廣東會展業的迅速發展以及公共用戶需求的增加，例如廣州、東莞、中山等都在新建和擴建大型展館。所以，深圳會展中心必須強調市場化運營概念和現代化管理原則，以提升標準、開展競爭、面對挑戰。在運作中充分保持管理層和員工的業績、客戶的滿意度以及場館的最佳使用率，用最好的服務質量吸引、留住最好的展覽項目，這就是深圳會議展覽中心運營理念的核心。而核心競爭力的保證主要依據中心的高級管理層和專業操作人員所必備的基本領導品質和綜合業務水準。

除此之外，新展館還應具備一套現代場館的管理原則。這個原則主要是建立在運用資訊化管理、實施國際質量管理標準體系和最新項目管理等基礎上。根據深圳新展館的布局和模式可從以下六個部分來建設資訊化管理系統：

（1）資訊數據中心及應用系統；

（2）財務支持管理系統；

（3）主辦商業及客戶關係管理系統；

（4）場館經營資訊管理系統；

（5）展覽服務管理資訊系統；

（6）職能部門管理資訊系統。

案例思考

1. 深圳會議展覽中心是從哪幾個方面入手促進會展場館發展的？

2. 結合材料分析，中國會展場館應該怎樣借鑑國外先進經驗促進發展？

國家圖書館出版品預行編目（CIP）資料

會展場館管理－含中國展館介紹 / 傅婕芳、鄭建瑜 編著.
-- 第一版 . -- 臺北市：崧博出版：崧燁文化發行 , 2019.04
　　面；　　公分
POD 版

ISBN 978-957-735-741-0(平裝)

1. 會議管理 2. 展覽

494.4　　　　　　　　　　　　　　　　　108003650

書　　名：會展場館管理－含中國展館介紹

作　　者：傅婕芳、鄭建瑜 編著

發 行 人：黃振庭

出 版 者：崧博出版事業有限公司

發 行 者：崧燁文化事業有限公司

E - m a i l：sonbookservice@gmail.com

粉 絲 頁：　　　　　網址：

地　　址：台北市中正區重慶南路一段六十一號八樓 815 室

8F.-815, No.61, Sec. 1, Chongqing S. Rd., Zhongzheng

Dist., Taipei City 100, Taiwan (R.O.C.)

電　　話：(02)2370-3310 傳　真：(02) 2370-3210

總 經 銷：紅螞蟻圖書有限公司

地　　址：台北市內湖區舊宗路二段 121 巷 19 號

電　　話:02-2795-3656 傳真:02-2795-4100　　　網址：

印　　刷：京峯彩色印刷有限公司（京峰數位）

定　　價：400 元

發行日期：2019 年 04 月第一版

◎ 本書以 POD 印製發行